U0020576

從選擇、搭配到調製
星級餐廳專屬果醬大師教你以台灣水果創作出絕妙滋味

法式
手作果醬的藝術

Du Sucre, Du Fruit, De La Passion.

艾紀達與亨利·亞伯
EZILDA and HENRI DEPARDIEU

積木文化

目 錄
SOMMAIRE

3 果醬的延伸應用
L'UTILISATIONS DES CONFITURES

Lorsque j'ai commencé la préparation de ce livre, je ne pensai que faire plaisir à ma sœur Ezilda Laplasse née Depardieu.

Comme beaucoup de Français, les confitures ont accompagné notre enfance. Friandise du petit déjeuner ou la tartine du « quatre heures » de l'après-midi.

Ma sœur est une grande cuisinière et elle a la passion de ce qui touche à la cuisine.

Quant as-t-elle commencé à confiturer, je ne sais exactement, mais c'était un plaisir du petit déjeuner lorsque de retour d'Asie je m'asseyais à la table de sa ferme. Les yeux perdus dans son jardin, admirant l'ordonnancement des fleurs, j'écoutais le vent dans les peupliers, le chant des oiseaux en me tartinant des croissanteries devant un café au lait, accompagnées de la multitude des couleurs de ses petits pots gourmands.

Puis ses essais sont devenus un travail qui lui prenait de plus en plus de temps.

Aujourd'hui, avec la mondialisation du commerce, nous trouvons presque tous les produits de la France à l'export. À l'époque de ma jeunesse, le voyageur que j'étais se trouvait en manque de certaines saveurs qui font partie de ma culture européenne. C'est ainsi que j'ai aussi commencé à faire mes propres confitures au grès de mes découvertes gustatives des fruits asiatiques.

Un palais s'éduque, j'ai eu la chance de naître d'un père gourmand, bon cuisinier, et d'une mère italienne. Ce mélange de la France profonde et de la chaleur méditerranéenne nous a donné quelques repas dont je garde encore la souvenance. Et comme en France tout commence et finit par le vin, mon père m'a offert une solide connaissance des grands crus de nos vignobles.

Mais cette formation était encore qu'une ébauche que j'ai affinée auprès des belles tables résumées par des macarons au guide Michelin.

Puis, la vie m'a bousculé, le choc de l'Asie, l'absence des repères des critères établis de mon éducation, et la découverte d'un univers fascinant et totalement différent. En France on utilise une expression « être déboussolée » littéralement avoir perdu la boussole être en absence de directions.

Et comme un enfant, tout réapprendre.

Apprendre des usages différents. Découvrir et assouvir ma passion de l'Art et du beau. Regarder l'exubérance de la nature sous l'effet de l'humidité, des moisissures et des chaleurs de plomb. Du Japon, apprendre et s'étonner de la subtilité du "non goût", des tofus, apprendre la délicatesse d'un riz de qualité parfaitement cuit, mastiquer des textures gluantes de diverses préparations du riz. Le goût du poisson cru, découvrir le frisson du poisson dont la toxine mortelle pour l'homme vous met a la merci de l'expertise du cuisinier artiste dans l'art de la découpe et de la présentation.

當我開始著手寫這本果醬書時，我只想讓胞姊艾紀達‧拉帕斯‧亞伯高興一下。

像每個法國人一樣，果醬是伴隨著童年一起長大，例如早餐時的甜食及下午點心的奶油果醬塗麵包。我姊姊是個有名的大廚，而且對任何與烹飪有關的事務都充滿熱情！她到底何時開始做果醬，我並不清楚，但是每當我從亞洲返法，坐在她鄉間的小木桌旁，眼神陶醉流連於香氣四散的絢爛花園，傾聽鳥聲婉囀、微風在柳樹間呢喃，一邊替麵包抹上奶油，塗上果醬，伴隨著歐蕾咖啡的芳香，及琳琅滿目璀璨精亮令人垂涎的各色小瓶………處處都是驚喜！然後，她一時興起製作的小果醬，漸漸成為付出心血的專業。

今日，隨著全球貿易盛行，我們幾乎可以在世界任何角落找到法國出口的產品，然而年輕的時候，四處旅行的我卻常常苦於找不到家鄉味；這也是為什麼我開始製作自己的果醬，並嘗試用亞洲當地發現的美味水果。味蕾是可以訓練的！我有幸擁有熱愛美食又廚藝精湛的父親，及原籍義大利的母親。這股融合深度法國文化及地中海熱情的魅力創造出的許多佳餚，讓我回味至今，無法忘懷。眾所週知，吃法國菜一定少不了美酒相伴，我的父親也不忘教導我許多法國葡萄酒的專業知識，讓我受用至今。

但是擁有這些條件後，再加上許多場米其林餐廳的饗宴，讓我的味蕾更加精練！

之後，我的生命有了很大轉變。遷居亞洲世界帶來的震驚，讓原有歐洲教育訓練的價值觀及判定標準在此派不上用場，我身處於如此截然不同卻又如此令人嚮往的世界，霎時有如失去指南針般亂了方寸，失去方向……

像個孩子般，我必須全部重新學起。學習不同的處理方法，探索並滿足我對藝術對美的事務的狂熱，瀏覽大自然在潮溼、苔蘚及炎熱的影響下豐富的大千世界！

Se brûler à la chaleur des épices coréennes, supporter l'odeur du kimchi, manger de l'ail au-delà du raisonnable, se doper au ginseng en prenant soin de sa santé par sa vertu antioxydante.

Se faire chahuter les sens par la cuisine chinoise, découvrir le poisson au sucre, les multiples façons du talentueux 'soy sauce' la complexité des sésames et de ses utilisations, passer autour de la table ronde du sucré au salé, du croquant au mou, de la fraîcheur à l'acide de la cuisson longue à la cuisson express. Découverte des desserts que je ne pouvais accepter, pour finalement les apprécier et aujourd'hui les aimer.

Taïwan m'a offert le résumé des cuisines des régions de Chine, ce lieu unique, brassage de populations des provinces de la Chine m'a offert un apprentissage éblouissant. Les repas étaient magnifiques, chaleureux, arrosés au cognac XO. Les cuisiniers avaient encore la patience des découpes longues et savantes, des préparations lentes, et la recherche du raffinement extrême. La difficulté de sentir le « chao tofu », mais que dire de notre maroilles ou munster nos fameux fromages aux odeurs tenaces.

Ne pas oublier de citer les poissons de mer de Hong Kong, les soupes d'ailerons de requin de Singapour, le goren, la cuisine Thaï, la traîtrise du piment dissimulé sous la caresse hypocrite du lait de coco...Les soupes acidulées vietnamiennes, le petit porc de lait aux 3 préparations....

Voilà comment au fil des années, le vieil homme que je suis aujourd'hui, a posé ses certitudes Européennes pour laisser la place à l'inconnu, à l'émerveillement et à l'apprentissage de cultures étrangères au sens initial du mot.

Mais aussi le monde change, la cuisine rapide de mauvaise qualité les « fast food » ont envahis les pays aux développements économiques galopants. Les industriels avides de profits à court-terme ont déversé des multitudes de produits bizarres, permettant de gagner du temps, de l'argent, souvent au détriment de la qualité naturelle des produits. Les paysans produisent de plus en plus, et des plantes jugées non rentables disparaissent de nos tables. Nos sociétés courent s'agitent dans tous les sens, les opinions se font et se défont à coup de slogans, par des gens accrochés à internet via leurs indispensables prothèses : Téléphone mobile ou ordinateur.

Dans les lieux publics, les transports, les gens ne sourient plus, tête baisées, ils ne regardent plus rien que la fenêtre lumineuse qui vomie jusqu'à l'écœurement, images, sons, vérités, contre-vérités, humeurs, violences, manipulations sociales ou politiques, abrutissements et jeux compulsifs. Univers introverti de solitaires égoïstes, qui ne bougent même plus lorsqu'une personne âgée cherche du regard une place assise. Le goût se standardise entre "MAC DO" sandwich triste et cuisine banales, les blogs adressent leurs expériences et l'on voit les foules infidèles sensibles aux commentaires se précipiter ou délaisser un restaurant.

La recherche de la santé, le juste retour d'une culture respectueuse de la terre, le désir

從日本，我學到近乎無味道的豆腐中也蘊藏微妙的細緻度，品嘗到完美無缺的米飯中的精緻性，並咀嚼出不同米飯料理中米粒的不同黏稠性；生魚片的美味讓人不禁心懷感激廚師精湛的專業刀工及擺盤，使我們免於受到河豚毒素的侵害；嗆辣的韓國辛料、泡菜的異味、超出常理的大蒜料理，以及為了養生而成癮的人參高抗氧化劑，都成了最棒的生活經驗！中國菜的五味雜陳，糖醋魚以及千變萬化的醬油料理、芝麻的用處，圍繞著圓桌傳遞著人生的酸甜苦辣，高低起伏。從我當初無法接受中國甜點，到現在懂得欣賞並怦然心動，這一切都是感動！

台灣提供了中國五湖四海的美食，這奇特的地方給了我最迷人的學習機會。所有的餐敘都很棒，充滿熱情並痛快暢飲著XO。為了追求完美，廚師充滿耐心地準備前置的切、刨、剁、雕，以及後續的煎、煮、蒸、炸。而難聞的臭豆腐總讓我想起法國起司中「Maroilles」和「Munster」頑強的濃烈味道，不也是異曲同工之妙！我也不會忘記香港的海魚及新加坡的魚翅羹、印尼炒飯／麵、泰國菜中的辣椒料理如何完美地融合在椰奶的愛撫之中，還有越南菜的酸及小乳豬三吃……。

這就是為何這些年，以如今老朽之身，我放下習慣的西方邏輯，把位置留給未知，留給驚奇，留給異國文化奇特的魅力！

但世界也在改變。快速料理的低劣品質使速食大步侵略快速經濟發展中的國家，而只追求短期大量獲利的工廠，為了爭取時效獲得更多利潤，不惜傾銷許多奇怪產品，進而破壞追求天然的品質。農夫雖然努力生產，但只要不符合產值的作物，就漸漸地從我們的餐桌上消失。我們的社會雖以各種管道大聲疾呼，各形各色的言論卻由經常掛在網路上，把手機和電腦當成不可或缺義肢的一群人所把持，而最後終將淪為一堆無用的口號。

在公共場所、交通工具上，人們不再微笑，低著頭，看著亮閃閃的螢幕散播著幾乎令人倒胃的畫面及聲音，真相、假象、暴力、政治操弄，無法停止的遊戲及光怪陸離的一切……世界充斥著自私的獨行俠，甚至不會讓座給蹣跚的長者；人們的品味逐漸標準化，只有速食店的窮酸漢堡和普通料理二種水準；部落客描述自己的親身體驗，我們只看到大家依據評論一窩蜂地擠進某家餐廳，或集體撻伐，毫不留情。

de qualité, le « slow food » font aujourd'hui contre-poids aux dérives des industries alimentaires, aux dérives des mensonges des mauvais cuisiniers aux errements des lamentables restaurants qui massacrent le goût autant que l'usage des cigarettes ou les chewing-gums chinois.

Sous les pressions des lobbys industriels ont nous faire croire que des gélatines traitées à partir de peaux de porc sont neutre et sans danger, que des agents de sapidités sont pleins de qualités pour nos organismes, que masquer tous les goûts sous des poudres aux extraits standardisés d'animaux ou de végétaux, de se brûler les muqueuses à coup de cuisine ultra pimentée c'est sain, mode et fun.
Tout est toujours bien, jusqu'au moment ou une nouvelle étude viendra bousculer les certitudes pseudo scientifique pour mettre en garde contre un produit pouvant générer des problèmes de santé.

Protéger les goûts, respecter les consommateurs, développer la qualité et les labels de protection des origines contrôlées, il y a encore beaucoup à faire en Asie. Les usines modernes se réclament de standards d'hygiènes, ISO , HACP, peut être, mais souvent les belles normes démontrent que la société sait remplir des pages de documents et de rapports pour être dans les normes, mais pas nécessairement un savoir-faire culinaire respectueux de leurs clients.

Ce livre qui au départ n'était qu'un recueil des recettes d'Ezilda est devenu au fur et à mesure de nos entretiens avec l'éditeur (un immense merci à Vivienne et à son équipe) un petit message de respect des traditions, de mariage des vins et des plats, de plats cuisinés avec de la confiture.

Nous gardons en Europe la tradition des repas familiaux et des plats cuisinés préparés à la maison. Des études récentes, montrent que les temps accordés aux repas sont de plus en plus court, dommage, il n'existe pas de lieu plus convivial qu'une bonne table avec sa famille et ses amis...

Ma soif d'apprendre votre civilisation me permet aujourd'hui d'offrir au lecteur, juste retour des choses, un petit morceau de nos humbles connaissances.

Bonne dégustation livresque.

Author **Ezilda & Henri**

為了追尋健康，以及回歸到令人敬仰的大地，並追求品質，「慢食」成了目前唯一可以對抗工業食品，對抗惡劣廚師謊言，以及像香菸和檳榔一般扼殺味覺的恐怖餐廳的主要抗衡力量！由於工業團體大力關說含有豬皮成分的明膠是中性而無害的，宣稱食品添加劑富含更多有利於人體組織的物質，在一堆由動植物淬取的精華粉末中，我們失去食物的真正味道，並相信被麻辣料理燙傷黏膜是健康、有趣又時尚的行徑！通常相安無事，直到有一天某項新的研究突然發現某件產品可能衍生出健康問題，我們才會正視這個情形。

　　保護我們的品味，尊敬消費者，並發展食品來源健康安全認證標籤，是目前亞洲可以努力的目標。即使現代化工廠宣稱他們有一系列衛生檢核標準ISO和HACP，但實際上只是為了要讓檢驗報告更豐富、更有說服力，而不是真正考慮到食用者的安全。

　　這本書一開始只想發表艾紀達的一些果醬食譜，隨著時日發展，卻變成我與編輯（謝謝Vivienne和她的團隊）對於傳統的敬重，以及葡萄酒與食物的搭配，和果醬運用於料理的一些心得分享。

　　在歐洲，我們有與家人共享美食的傳統，大家一起準備餐點，和樂融融！最近研究顯示，人們願意花在做菜的時間愈來愈少。真可惜，還有什麼比和親朋好友齊具一桌更加賓主盡歡的地方！

　　對於學習中華文化，我抱著如飢似渴的心情，也才能在今天，將我個人微薄的部分知識分享給讀者。

　　祝大家大飽書中美食！

作者 艾紀達 與 亨利

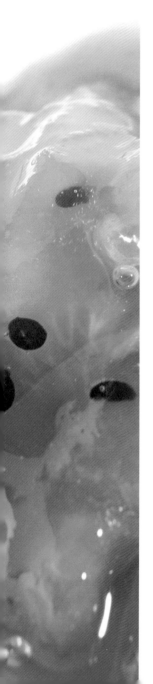

PRÉFACE
推薦序

身為頂尖豪華旅館業的專業人士,我有幸在薈萃豐富的職業生涯中跟許多聲譽如日中天的大廚共事,並因此品嘗到不同風土絕佳的美味饗宴!

嚴格謹慎如我,在餐飲業這塊領域,只允許自己接受最高品質的產品。

亨利用自己的專業技術製造法國傳統果醬,並創新地融合不同的水果、香料、果粒甚至美酒,而達到獨特迷人的完美組合!

他堅持用高品質的水果,且堅決不使用任何人工添加物,來欺騙他所尊敬的消費者!

姊姊艾紀達的食譜、家族文化的傳承、歐洲及亞洲文化的薰陶、以及身為藝術家的風範,在在都造就了亨利,完成今日讓我們得以賞味並獨樹一格的果醬!

此書如同一座金礦,蘊涵著無數令人食指大動的美味!

André-Alexandre JOULIAN

Ancien Directeur Général, The Landis Taipei Hotel (Autrefois The Ritz Taipei Hotel).
台北亞都麗緻大飯店前任執行長

在高級飯店與餐飲界深耕二十年後，我們仍不斷進步、學習，更重要的是相遇的緣分。

從歐洲到非洲，最後落腳亞洲，這份職業最重要的就是相遇和熱情。我很幸運能夠在這條路上遇見貴人，也就是亨利·亞伯。他來自毫不妥協的領域，在其中，唯有精確嚴謹才能成就巔峰。我們不只交流糖類的烹調技巧，也討論各式各樣眾多話題。

就這樣，我們無形中影響了彼此。

我總是強調自己面對大眾時很不自在，反而更喜歡爐台，或是讓我比較熟悉的氛圍。

只要有空，我和亨利總是會抽出時間聯絡。

亨利是絕對的享樂主義者，從未停止打造新口味的果醬，全心投身繪畫創作無疑也讓他得以在忙碌時喘息，潛入另一個內在世界。

我必須趕快下結語，否則會這個話題會聊到天荒地老……

若要具體表達亨利的創作，對我而言，三個形容詞就足以概括亨利與他的心血：嚴謹、原創、美味。

最後我以偉人保羅·博庫斯（Paul Bocuse）的名言結束序言：「最令人驚嘆的是，縱使面對現代風格的浪潮和廚房中的變革，傳統從未如此耀眼。」

透過本書，從不造作的傳統果醬，到令人彷彿置身異國的果醬創意，將令諸位大呼過癮……

法比安·維爾傑
Fabien Vergé

米其林一星主廚

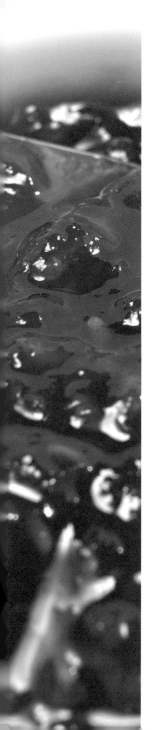

這 次得知亨利先生繼《果醬的藝術》之後修訂出版《法式手作果醬的藝術》一書，我打從心底獻上祝福。希望台灣的讀者能藉此對法國料理有更深刻的了解，並融入日常生活之中。

我們第一次見面是在微風超市的辦公室。當時亨利先生與妻子伊莎貝拉小姐帶著自製的手工果醬前來拜訪，而這些果醬竟是由法國人以台灣的水果製作，具有正統法國風格的「Made in Taiwan」法式果醬。裡面不添加任何防腐劑，材料只有水果、糖以及檸檬，有些只使用單一水果，有些則混合了多種水果。他們仔細地向我說明製作方法，以及果醬除了塗在麵包上享用，還能拿來當作調味料，用途相當廣泛。我對此感到相當衝擊，彷彿聽見自己至今為止對果醬的認知逐漸崩塌的聲音。以基本的調味料、鹽、橄欖油、香料、香草以及果醬所交織而成的美妙合奏，讓人感到無比幸福。

在當時，台灣市場上無添加的果醬少之又少。我因為受到亨利先生的人品以及他所製作的果醬吸引，於是決定開始試賣，並以試吃作為主要促銷手段。配合亨利先生與他的果醬給人的印象，當時精心準備了各種小道具，宣傳場地也選在最引人注目的地方。材料不論橄欖油、香料、鹽、香草皆使用最頂級的，試吃用的法國麵包選用Maison Kayser品牌，砧板、調理盆等道具則選擇了橄欖木製品。接著，就輪到法籍藝術家主廚登場了。當他一站上舞台，人潮便自然而然地聚集，從曾經走訪海外的飲食專家，到年輕的台灣女孩們都陸續聚集了過來。其中不少人就這樣漸漸成為忠實顧客。

有一天，我拜訪了亨利先生的工作室。踏進房間的瞬間，一切是如此地井然有序，就如同進入一個充滿藝術性的領域，簡約、協調、整齊，安穩而沉靜。工作室裡設有廚房，他製作料理的手藝可以說是天下第一，盡情展現了他身為藝術家主廚的精髓。我們之間的談話也十分深入且富饒趣味，無論是他在海外豐富的經驗、經營事業培養出的合理思考、身為法國人的自我認同與藝術家的感性，讓我們度過了一段非常美妙的時光。

最後，我想正是亨利先生的創作熱情、對企劃與監督的嚴謹態度，以及他對台灣的深厚感情，成為這次出版的契機。我衷心希望亨利先生對「果醬的藝術」的理念能夠廣泛傳播到台灣的每一個角落，同時期盼台灣的讀者都能透過法式料理，感受到更多幸福。

西川正史
前微風超市資深經理、日亞流通コンサルティング代表社員

每一次看著亨利先生操作食材，真的是一種體驗，也是一種學習。但是無論我怎麼去觀察，還是覺得自己無法擁有像他這樣子的天份。

亨利先生他隨手拈來，看似很普通的食材到他手上就可以組成一道你想像不到的料理，簡單而美味，而且每次都會帶給人們不同的感受——端看他想給你什麼感覺。這種天份你可以說是與生俱來，也或許是他從小以來的生活點滴累積、文化傳承，讓他對於各種食材如數家珍，並且充分掌握其特性。

亨利先生的鼻子、舌頭，與他腦子裡的思維一貫性產生的料理，和一些星級名廚不同，令人驚艷卻自然不做作，十分親民。沒有花俏的表演，但表現出食材的原味，這和他的藝術作品完全一致。我常在想，他作畫時是否想著做料理，他在料理時是不是也在想著畫畫。在這本書中，除了果醬他還加入了料理與酒的搭配，對我而言，美食必須加上好酒才能成完美一體。感謝亨利把這部分精華也分享給我們。

亨利先生一向慷慨，今天他出了這本書，讓我們可以直視他料理食物的思維和經驗。感謝他願意分享如此美好的事物。

這本書起源於果醬，然後跨入即興料理和酒的演出，非常適合你我一邊品嚐美酒佳餚，一邊品味歐陸文化，是一本期待已久的作品。

胡中行
Eddie Hu

國際美酒美食協會亞太地區執行委員
法國波爾多左岸騎士會勳章、法國香檳騎士勳章

緣起

·····

何謂法式手工果醬

這幾年來，由於果醬女王Christine Ferber 商品的引進，讓台灣人慢慢開始認識法式手工果醬；根據法國藍帶廚藝學校的課程規定，法式果醬必須是用新鮮水果和砂糖，經過細火熬煮完全，將水果中的果膠釋放出來，而非使用人工果膠（不論是化學合成或其他果膠），才能稱為法式果醬，因此製作出來的果醬濃稠程度相當的高。

在法式傳統中，果醬可分為三種，分別是「marmelade」、「confiture」及「gelée」。其中marmelade原本是指由柑橘類水果所製成的果醬，不過現在一般法式果醬也都可以被稱為「marmelade」；另一種說法則是「confiture」，指的是由水果熬煮，含果肉、果粒的果醬；而「gelée」則是指純果汁加糖煉製而成，富含果膠的凝露。

天賦異稟的感官能力

本書所有的果醬配方都來自我與胞姊艾紀達‧亞伯。我們的父親曾在第二次世界大戰中遭納粹俘虜，在集中營裡接受慘無人道的人體實驗，僥倖存活至戰爭結束回到法國，卻漸漸喪失行動能力。當時我被送到南方的義大利鄉下農莊中，快樂地度過六年歡樂的時光。在那六年間，我在農莊中嘗盡最新鮮的蔬果，經過地中海溫暖的陽光洗禮，豐富而多元的水果種類與香料，鍛鍊出細膩而敏感的味覺，才得以做出口味如此獨到卻又層次鮮明的手工果醬。

胞姊艾紀達則是在嫁給一位農莊主人後，開始了她不一樣的人生旅程。農莊裡栽種了各式各樣的水果與植物，因為許多植物的學名都是拉丁文演變而來，熟習拉丁文的艾紀達學習起來特別得心應手，幾年下來，對於植物、園藝與農務無師自通的她，靠著與生俱來的非凡感官能力，成了一位了不起的廚師及果醬研發師傅。靠著天賜的能力與對食物的尊重，艾紀達研發出各式各樣獨特又口味別緻的果醬，法國許多米其林三星餐廳都向她購買果醬入菜，她就如同鍊金術士一般，透過水果與糖，展開一段奇幻的果醬之旅。我希望藉由公開她的果醬配方，能在台灣也掀起另一波法式手工果醬的熱潮。

法式果醬的生活風情

法國因為地處溫帶，四季分明，蔬果生長季節不如台灣那樣長，因此發展出許多保存水果的方式，以葡萄釀酒就是其中一種；還有利用當季水果來熬煮果醬，在無法收成作物的季節也能有水果可以吃。當然，保存水果這個方法不只是法國的專利，其他許多歐洲國家都有類似的做法，只不過法國是美食料理之首善，有許多保存食物及料理的方式都是由這裡發揚光大，再流傳到其他國家，因此，法式手工果醬的地位仍是不容動搖的。

在法國甚至是歐洲，果醬從來都不只是拿來搭配麵包的配料；法國媽媽們除了用果醬來配好吃的麵包之外，也會用酸甜的果醬搭配乳香味濃重的起司，這也是非常普遍的家常點心；另外，就像中式料理的「橙汁排骨」、「鳳梨苦瓜雞」，法國料理也有使用果醬入菜的習慣，使用果醬的方法有千百種，每個法國家庭都有一套媽媽用果醬的祕方，果醬很自然地融入每個法國的庶民家庭生活中，我其實很難想像，在台灣，大家只把果醬視為麵包的配角。

堅持天然在地

不捨果醬的用途被嚴重低估，來台定居多年後，我原本打算進口艾紀達的果醬，但卻發現台灣水果種類相當豐富，而轉念利用本地生產的水果，取代原有配方中無法取得的水果，改良艾紀達的果醬配方，如此不但用料新鮮，又有在地的特色。我們姐弟倆天賦略有不同，艾紀達對於水果與植物的知識無人能敵，而我則是因為從小在義大利的農莊長大，培養出對於食物的獨特味蕾，經過這番改良，反而讓我創作出另外一種獨一無二的果醬風味。

我認為，拿來熬煮果醬的水果一定要是當季的，絕對不要使用過熟或冷藏熟成的；我挑選水果的祕訣是，不要被大而美麗的外表所騙了。現在的水果經過基因改良，越長越大卻沒有果香；所以買水果時每一個都要拿起來品聞，要香味十足、果肉飽滿且水分充足，熬煮出來的果醬才會香醇有層次。由於堅持天然，果醬製作過程中絕不加任何一滴人工果膠，全都是使用從天然水果提煉出的果膠。這些果膠大多是利用微酸的青蘋果，花一整天熬煮後，經過反覆過濾才成為果醬的基底。微酸的口感加上糖與果味十足的水果，如此製作出來的果醬，不僅保有濃郁的水果味，糖漬的果實也Q彈有勁；另外，我還研發了各式茶葉、香料、烈酒與巧克力等不同口味的果醬，希望能帶入法式風情，並用口感層次豐富的果醬挑逗台灣人的味蕾。

1

PRÉPARATION

前 置 準 備

坐在鄉間的小木桌旁，眼神陶醉流連於香氣四散的絢爛花園，
傾聽鳥聲婉轉、微風在柳樹間呢喃，一邊替麵包抹上奶油，
塗上果醬，伴隨著歐蕾咖啡的芳香，
及琳琅滿目璀璨精亮令人垂涎的各色小瓶。

器 具

● ● ● ● ●

隨時保持廚房乾淨清爽

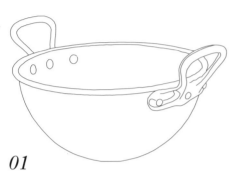

01
煮鍋

過去法國人製作傳統手工果醬時,用的是銅鍋,因為銅鍋最能平均散熱及導熱,可是要十分小心洗滌以及保養的方法。現在比較難買到銅製的鍋子,所以也可以用不鏽鋼鍋來代替。建議使用較厚的多層不鏽鋼鍋,導熱比較均勻,最重要的是,千萬不要把果醬放在鍋內冷卻。

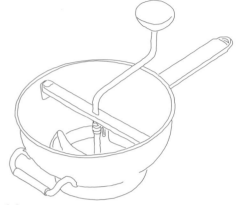

02
蔬果調理器

至少具備三段式功能,可以依據不同水果大小,有去籽、去皮及壓成不同質地等功能。也可用市面上的壓泥器或食物調理機代替。

03
木製大湯匙

湯匙要夠大,湯匙的柄也要長一點,才不會在攪拌時被蒸氣燙傷。

04
大缽或大鍋

浸漬果醬用,可容納5~10公斤的果料為佳。最好是上過釉的瓷器或陶器,玻璃也可以,才不會跟果醬中的酸性物質起反應。如果是生的水果混合物,可以勉強使用塑膠容器,但還是盡量避免使用比較好。

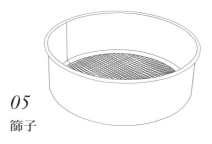

05
篩子

有濾網的篩子，主要用來分開水果及果汁，
以便製作凝露。

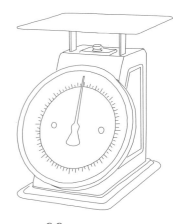

06
長柄濾網

可以隨時撈起果醬的雜質，
讓果醬更晶瑩剔透。

09
料理秤

廚房裡常見的計量器具，
最小單位是公克。

07
長柄勺子

小勺子可以用來直接裝瓶，大一點的勺子
則可以把水果撈起，方便靜置過夜。

10
食物調理棒

可以在熬煮果醬的過程
中，直接在鍋子裡將熱的
果料打成泥，讓水果更濃
稠且均勻混合。

08
香料球或香料包

準備幾塊乾淨的紗布，以便製作
可以放入果肉及香料的香料包。

原 料
水 果 、 糖 、 熱 情

· · ● · ·

水 果

對於擁有果園的人來說，親自在果園中採摘新鮮水果，也是製作果醬時饒富樂趣的過程。一定要選健康、帶果香、熟度剛好的水果，而不要挑選即將熟透或過熟的。過往曾有許多誤解，叫大家選用過熟的水果來煮果醬；若是使用過熟的果醬，容易在製作過程中產生不可預期的發酵效果，或是難以控制果醬的口味，唯有選用新鮮、熟度剛好的水果，才能確保製作出的果醬保留住水果最鮮甜的風味。

如果水果是用買的，絕對不要挑選有碰撞痕跡的，表面一定要光滑有彈性，挑選的時候，可以拿起來聞一聞，盡量挑選有果香的水果。此外，水果一定要仔細清洗乾淨，特別建議使用有機水果，但高品質的冷凍水果也是可以接受的。

糖

本書介紹的配方都是使用傳統糖浸漬的手法，加上短暫的烹煮過程來製作果醬，為讓糖在鍋中混合著果肉漸漸融化，進而使水果口感更有深度。

結晶的白糖顏色純白又經濟實惠，紅糖會有較多泡沫，所以比較不建議使用。

蔗糖偶爾也會用在一些比較具異國風味的果醬中，就是為了它的口感及風味的特性！

果醬、果泥、凝露的不同

·●●●·

果醬

果醬是由水果整顆或切丁，與糖漿熬煮而來。製作過程快速，且容易保存原有水果的特性、質感及顏色。製作過程中必須經常留心鍋中果料，以免果醬因烹煮脹大，造成太多泡沫而溢出鍋外。目前歐洲市場上，「marmelade」專指柑橘類的水果醬。

果泥

水果經由與糖浸漬、熬煮，或是以食物調理棒事先打碎，達到一種接近「果泥」的狀態，沒有果肉顆粒口感。

凝露

適合用富含果膠，並且可以榨出許多果汁的水果來製作，成品大多呈透明或半透明狀態。

基底果膠 ＋ 焦糖

· · ● · ·

果醬、果泥或凝露要能製作成功，首先取決於水果是否蘊含豐富的果膠。這種自然天成的凝結物可以在果籽、果皮及果肉中取得。在製作果膠含量較少的水果果醬，通常會利用蘋果和檸檬汁。這兩種水果都可幫助果醬更加醇厚與凝結，卻不影響果醬本身的味道。

製作基底果膠

1　準備3公斤微酸的綠蘋果，全部洗淨後切去頭尾，但留住果皮、果核及籽。

2　將蘋果切小丁，放入鍋中加水覆蓋，以中火熬煮30分鐘。

3　待鍋中切丁果肉呈半透明狀，準備一個篩子過篩果肉，將篩過的汁液靜置一整夜，這些半透明的汁液，就是供日後不同果醬使用的果膠基底。

❤這也是製作凝露的方法，只要改變使用的水果（如小紅莓、柑橘、桑葚、覆盆子、葡萄……）即可！

製 作 焦 糖

1   檸檬一顆榨汁備用。

2   另準備白糖200公克，加上少許的水，讓白糖稍微溶解一些。

3   以小火熬煮，千萬不要用任何工具去攪拌，這是成功的最大關鍵。必要時可以稍微轉
動一下鍋子，讓糖在鍋中平均分布，但不要太頻繁，並且要持續小心觀察白糖的顏色
變化。

4   當鍋中熬煮的白糖變色時，立即關火並淋上檸檬汁，此時焦糖顏色將呈現金黃色，且
香味撲鼻，就代表焦糖製作成功了。

❤若是煮的時間過長，焦糖顏色就愈深，甚至會帶有苦味，進而破壞了果醬的味道，
因此，掌握糖變色關火的時間，是成功製作焦糖的關鍵。

濃 稠 度 測 試

•••••

　　想要測試果醬是否成功達到它應有的濃稠度，即使在不同火候及果膠的作用下，還是有簡易的肉眼辨識法。

　　當果醬煮熟時，通常溫度會高達攝氏103-105度之間，要達到這種程度的溫度，就必需藉由熬煮來展開一場結合糖與水果的魔幻之旅。雖然我們可以利用溫度計來控制熬煮的溫度，以便準確掌握果醬的濃稠度，但它卻不是必備的器具。為了協助初學者快速掌握這種「專家直覺」，這裡提供一個簡易又有效的方法——冷盤測試法。

冷盤測試法

1

把冷凍過的盤子傾斜擺放，滴幾滴果醬於盤上，讓醬往下流。

2

如果果醬很快凝住不動，就代表已經達到「完美的濃稠度」。

3

若是果醬持續往下滴流，就代表濃稠度還不夠，需要繼續熬煮。

香料包＋
去除水果薄膜的方法

·····

香料包

　　使用香料包或香料球可以讓果醬的風味更濃郁。只要在紗布上放一些適合的香料、果皮或蘋果籽，再用一條食用棉線綁住開口即可，或者也可以直接使用香料球。

去除水果薄膜法

　　這個方法適用於去除柑橘類水果的白色內膜。準備一把不銹鋼帶齒薄刀，一層層小心地削掉外皮，直到只剩下一整顆明顯的果肉，接著再將整瓣果肉依據白色薄膜的分隔，一片片用刀取下。記得在沙拉碗上執行這些動作，如此才方便取得流出的汁液，同時可以留下漂亮的果瓣及完整的果粒。

❤本書中所介紹的許多果醬食譜都是極為經典的，某些配方甚至加入了香料、酒、蜂蜜、牛軋糖、巧克力、糖果、花卉、精油或天然香味，這些都是為了開啟大眾的味蕾，好讓大家有驚艷的感覺，趕快一起來試試看吧！

裝 瓶

·····

玻璃瓶為上上之選

果醬是由新鮮水果熬煮而成，為了確保其中的果酸不會與容器產生作用，進而導致果醬品質變異，玻璃瓶是最好且必要的選擇。最好挑選可以真空密封的玻璃瓶罐，但若是家中無此種專業設備，也可以選擇瓶蓋可旋轉打開的密封玻璃罐。

事前消毒

瓶子一定要仔細清洗乾淨，並且要完全擦乾。最好用滾燙的開水煮過一次，除了洗碗機，也可以利用微波爐來清洗。

在果醬裝瓶前，先在瓶中裝入 ¾ 瓶的水，不要蓋蓋子，放入微波爐內運轉約 10 分鐘，接著用乾淨夾子將乾淨的果醬瓶從微波爐中取出，倒出熱水，並用乾淨的布擦乾瓶子。因為瓶身溫度很高，因此玻璃瓶很快就可以變得乾燥，這時的溫度正適合裝入剛煮好的果醬。

裝 瓶

將剛煮好的果醬裝瓶時，千萬不要裝滿，而是要保留距離瓶口0.5公分的空間。

封口檢查

檢查果醬是否有滴落在瓶口旋轉處，如果有就必須立即擦拭乾淨。確認瓶口乾淨後，立刻轉上瓶蓋密封瓶口，並把果醬瓶倒置數分鐘，使瓶內的空氣漸漸壓出，達到真空狀態，此時瓶身溫度還很高，要小心燙手。

倒置幾分鐘後把果醬瓶扶正，此時再靜置冷卻或放在水龍頭下沖洗瓶身，擦乾瓶身後貼上標籤，標明製作日期及果醬名稱。

························

♥千萬不要等果醬冷卻之後才用防潮紙或食用蠟紙封瓶，因為這樣等於給細菌有機會在果醬瓶內滋生。

♥糖是最好的天然防腐劑，好的果醬可以保存好幾年，尤其是儲放在陰涼處，或是加以冷藏也行。

♥果醬瓶中如果出現了氣泡，通常是因為烹煮時間不夠而造成的發霉現象，這是無法補救的，請務必重新煮製。

包 裝

•••••

　　果醬本身的顏色就具有美感，比如梨子的光澤、柑橘的燦爛、杏桃的澄亮、蜜李的紫蘊等等，無一不顯示果醬的晶亮動感。這如玻璃般的透明感、自然色澤，賦予視覺感官無窮的喜悅。

　　發想饒富詩意的果醬名稱、標上製作日期，甚至是製作者或店家地址都可以寫在標籤上；依據特殊節日、生日、婚宴場合，提供不同果醬口味當做精緻的禮物；或用一塊漂亮的布巾將瓶蓋包裝起來，一條蕾絲帶、印有圖案的典雅絲布或胚布，就能構成一份精美的禮物，讓小孩、朋友及任何想祝福的對象都不禁垂涎三尺。

補 救 的 方 法

果醬明明在櫃子裡放得好好的，
也都仔細依循果醬食譜的建議，但是卻發現：

Q1 果醬結晶了！

出現了糖的結晶體，雖然對牙齒不好的人會有點咀嚼困難，但對整體的口感及保存並無影響。

可能原因如下：當初熬煮糖的時間太長，所以只要再加入一點滾熱的水攪拌，讓糖溶化即可，但需要盡快食用完畢。

或是當時選用的水果不夠酸，只需再重煮一次果醬，並加入檸檬汁，滾開之後立即裝瓶即可！

如果果醬有裂痕但成結晶狀態，只要打開瓶蓋放入微波爐幾秒鐘，就可以解決這個困擾。

Q2 果醬發霉了！

這個問題可能歸咎於果醬瓶未洗乾淨，或瓶蓋裝瓶時的衛生狀況不佳。

也可能是因為果醬冷了以後才裝瓶，因為讓果醬長時間暴露於空氣中，以致於細菌孳生，當然也有可能是果醬瓶擺放的位置過於潮濕。如果整批果醬只有一瓶有發霉的困擾，只要直接用湯匙把發霉部分及周遭挖起來丟棄即可，再拿另一支湯匙試吃沒有被感染的果醬，如果口味未受影響，只需放入冰箱並盡快食用完畢。

如果整批果醬都有發霉現象，就必須把那一層黴菌全都挖乾淨，並把剩餘的果醬倒進鍋內重煮，便可延長保存期限。無論如何都要記得重新裝入洗淨晾乾的果醬瓶中。

如果發霉果醬的味道已影響了全部的果醬，就一定要整瓶丟掉。

Q3 果醬太水了！

其實這稱不上製作失敗，只是水果的果膠不夠而已，只要重新製作時增加果膠的分量即可。

或者，重新加入蘋果皮及蘋果籽的香料包或香料球。再者，如果有小紅莓汁，直接加入亦可。

準 備 好 了 嗎 ？

　　想要成功製作法式手工果醬，水果的選擇是最重要的！挑選品質優良、熟度恰當的水果是成功之鑰。基本上，口感是否成功完全取決水果的品質，例如某些年分的水果比較沒有味道，因為大地之母跟大家開了玩笑，導致當年度的雨水過多或溫度過高等等。也要注意水果的成熟度，務必挑選熟度剛好的，以確保果醬的口感及口味。在榨汁、去皮、切塊之前，每顆水果務必清洗乾淨，包括水果的天然斑點、附著物或蒂頭，也都應該要小心去除。

　　如果因為宗教因素，想把含酒精的部分略過以符合個人的生活哲學，也不成問題，如此製成的果醬口感或許會稍有不同，果香沒那麼醇厚，但可以保證的是，果醬還是一樣的美味。家長們也無須擔心添加酒精的果醬會對小朋友造成影響，因為酒精在熬煮的過程裡很快就會蒸發掉。

　　只需多練習幾遍就可以確定自己的手感、味覺，累積了一定的知識經驗後，甚至可以偏離書中的配方，添一些這個、加一點那個，憑個人的喜好運用自己的魔杖，做出理想的口味。

　　總而言之，只要有乾淨的器材、無菌的瓶罐、優質的水果、恰到好處的烹調，這就是做果醬的不二法則。

　　準備好了嗎？

　　祝您在製作果醬的路上，一帆風順！

2

RECETTES DE

CONFITURES

法式手工果醬配方

艾紀達與亨利的每一道果醬配方，
都是源自一首詩、一個故事或一段歷史創作而成。

FRUITS
ENTIERS

CONFITURE AUX

FRUITS ENTIERS

水 果 樂 園

01

就要義大利
FRAGOLA

備料時間｜30分鐘
製作時間｜40分鐘，分2天

材料
去蒂草莓3公斤
白糖2.5公斤
黃檸檬1顆榨汁
果膠30毫升

製作方式

1　挑選優質、飽滿的草莓，去蒂對切，加入白糖放進鍋子裡。

2　先煮10分鐘至草莓軟透後，倒入另一個玻璃器皿，放涼後，浸漬冷藏過夜。

3　第二天，用濾網篩漏果汁，再加入30毫升果膠一同用大火煮15分鐘，攪拌成濃稠狀，接著再把草莓果肉放進來一起煮，直到果肉呈半透明色，將浮在鍋面上的雜質清除。

4　在冷盤上測試果醬的濃稠度，若未達到果醬要求的濃度，則可繼續熬煮數分鐘，達成即可準備裝罐。

02

托斯卡尼豔陽下
TOSCANE

備料時間｜35分鐘＋12小時
製作時間｜35分鐘，分2天

材料
西瓜2公斤（去皮去籽）
西洋梨1公斤（去皮切片）
柳橙1個（切薄片）
柳橙皮1個（過水汆燙）
黃檸檬2顆搾汁
果膠30毫升
白糖2.5公斤

製作方式

1　第一天，將果料和糖用一層水果一層糖的方式，堆疊起來，疊完之後用保鮮膜包覆，醃漬過夜。

2　第二天，把前一天醃過的材料倒入鍋中，用大火先煮至滾開，再關小火攪拌熬煮約35分鐘。

3　用食物調理棒把鍋中的材料打碎，並測試其濃稠度，若已到達標準就可倒入瓶中裝瓶。

03
革命精神
VALMY

備料時間｜30分鐘
製作時間｜20分鐘

材料
西洋梨2公斤（去皮去核去籽再切片）
蜜李1公斤（去籽切為2或4塊）
蘋果2個（去皮切成2小方塊）
黃檸檬2顆搾汁
白糖2.5公斤

製作方式

1　　將糖加入500克的水溶化，小火熬煮加熱
　　　並緩緩添入檸檬汁、蘋果、梨及李子。

2　　慢火熬煮20分鐘，輕輕攪拌，不要破壞
　　　水果的纖維，直到果實呈半透明並浸在
　　　糖漿中。

3　　把煮好的果醬滴在冷盤上，測試果醬的
　　　濃稠度，或拿專用的溫度計看果醬是否
　　　到達合適溫度，若溫度不到則要繼續熬
　　　煮，直到完成再裝瓶。

04

白酒之鄉凝露
RIQUEWIR

備料時間｜30分鐘
製作時間｜40分鐘

材料
蘋果及葡萄煮成汁各1.5公斤
糖3公斤、黃檸檬1顆搾汁、香草條1根（剖半）
阿爾薩斯微酸白酒50毫升

香料包
薑末1湯匙、肉桂粉1茶匙、丁香1顆

製作方式

1　把蘋果汁、葡萄汁、檸檬汁、酒跟糖、
香料包放入鍋中，先大火煮沸再用慢火
熬煮40分鐘，不要攪拌，以維持果凍的
清澈度。

2　熬煮過程中，將表面浮出的薄膜撈起。

3　溫度達到105度就可以熄火，或在冷盤
邊測試一下濃稠度，完成後裝瓶。

•••　塗在麵包上，或搭配鵝肝醬更佳。

05

冬日的夏陽
UN ÉTÉ EN HIVER

備料時間｜30分鐘
製作時間｜30分鐘，分2天製作

材料
新鮮綠奇異果2公斤（削皮切片）
綠色蘋果1公斤（去皮後切丁）
綠色檸檬4個（連皮切成薄片）
白糖2.5公斤

製作方式

1　把水果跟糖放進鍋裡以慢火熬煮，直到
糖全數溶化，再開大火快煮約5分鐘，
倒入備好的容器，覆蓋保鮮膜，讓水果
糖漿醃漬一夜。

2　第二天再將醃漬好的水果糖漿倒入鍋中
加熱煮開，並熬煮25分鐘，不斷攪拌鍋
內的材料，並撈去白色的泡沫與雜質。

3　注意過程中讓果肉保持完整。

4　用冷盤測試一下濃稠度，完成後便可裝瓶。

06

陽光山城之夢
RÊVE DU ROUSSILLON

備料時間│25分鐘
製作時間│25分鐘

材料

杏桃3公斤（去籽對切）
黃檸檬1顆榨汁
白糖2.5公斤

製作方式

1 把處理好的杏桃跟黃檸檬汁、糖一起放
   到鍋中，用慢火熬煮直到糖都溶化。

2 等糖融化後，再以中火煮約20分鐘，注
   意色彩跟味道不能改變。

3 此時水果逐漸呈半透明，整個鍋面的糖
   漿泡沫看來透明而沉重，再以食物調理
   棒攪碎。

4 用冷盤測試一下濃稠度，完成後便可裝
   瓶。

07

皇家品味
IMPÉRIALE

備料時間│35分鐘
製作時間│25分鐘

材料

西洋梨2公斤
去皮蜜柑500克
蜜柑榨汁500克
白糖2.5公斤
香草條1根（剖半）
君度橙酒（Cointreau）½匙

製作方式

1 西洋梨削皮，去核去籽切成薄片。

2 將材料放入鍋中，再加入果汁、香草
   條、白糖，用大火煮25分鐘，輕輕攪
   伴，直到水果呈半透明色。

3 在冷盤上檢試一下果醬的濃稠度。

4 必要的話繼續加溫，熄火前加入君度橙
   酒再沸煮一次，完成後即可裝瓶。

••• 美艷的色澤，鹹甜料理皆宜，配佐糖
     醋排骨非常對味。

08

幸運之神
PROVIDENZA

備料時間｜30分鐘
製作時間｜20分鐘

材料
柳橙1公斤（去籽切薄片）
檸檬300公克（去籽切薄片）
蘋果2公斤（對切4塊去核削皮）
白糖2.9公斤
葡萄乾100公克

製作方式

1　把水果跟糖一起倒入鍋中，用慢火熬煮約15分鐘，不停攪拌。

2　當果實逐漸變成半透明色並沉到鍋底，用食物調理棒打成泥後，再加入葡萄乾。

3　小火繼續熬煮約5分鐘

4　確認一下濃稠度後，趁熱裝瓶。

•••　淋在燉蘋果上，別有一番異國風味。

09

秋日的回憶
SOUVENIR D'AUTOMNE

備料時間｜30分鐘
製作時間｜40分鐘

材料
黑葡萄（Muscat de Hambourg）汁1.5公斤
白葡萄（Chasselas）汁1.5公斤
果膠60毫升
白糖3公斤
白葡萄酒½匙

製作方式

1　倒入果膠、葡萄汁、檸檬汁跟白糖一起熬煮，先用大火煮沸再以小火熬煮40分鐘，切勿攪拌。

2　表面形成的薄膜必須撈起，以維持果凍清澈度。

3　溫度達到105度時，同時測試果醬的濃稠度，並立即熄火。

4　加入白葡萄酒混合均勻，便可裝瓶。

•••　跟鵝肝醬一同塗在土司或烤麵包切片上，極其美味。

圖片提供：艾立夏廚房

10

狂放的女王艾蓮諾
FOLIE D'ÉLÉONORE D'AQUITAINE

備料時間│30分鐘
製作時間│10分鐘

材料
白桃子2公斤（去皮切片）
檸檬2顆榨汁
草莓500公克（去蒂）
蘋果500公克（去皮切片）
白糖2.1公斤
白色覆盆子酒1小匙

製作方式

1　桃子放到沸騰的水中燙一下，皮便很容易剝離。去皮後迅速將桃子切片，倒入檸檬汁，使桃子不易氧化變色。

2　去除草莓蒂頭，用叉子快速搗碎草莓。

3　把桃子、草莓、蘋果、糖放在鍋子裡，用大火煮滾，一邊充分攪拌鍋裡的水果跟糖，大火煮約10分鐘。

4　添加1匙白色覆盆子酒，趁熱裝瓶。

•••　這款果醬有濃郁的果香及紅色漿果粒，帶著幸福的口感，最適合塗抹在新鮮麵包上。

11

羅亞爾河之
夏尼小鎮
CHAIGNY

備料時間│40分鐘
製作時間│25分鐘

材料
黑櫻桃3公斤（去籽）
白糖2.5公斤
黃檸檬2顆榨汁
果膠30毫升

製作方式

1　選擇果實成熟飽滿的黑色櫻桃，除梗去籽。

2　將櫻桃放進鍋裡，並加入糖、果膠，用大火加熱，不停攪動，直到果實變成半透明的顏色並沉到鍋裡。

3　拿冷盤檢測果醬的濃稠度，不夠的話可以繼續煮幾分鐘。

4　櫻桃盡量不要熬煮太久，否則會變硬，濃稠度夠了就可裝瓶。

•••　與庇里牛斯山的乳酪搭配更是絕配。

12

驚喜之旅
TOURBILLON

備料時間｜40分鐘
製作時間｜35分鐘，分2天

材料

杏桃2公斤
西洋梨1.5公斤
白糖2.2公斤
黃檸檬2顆榨汁
香草條1根（剖半）
開心果120公克（壓碎）
果膠20毫升

製作方式

1　挑選成熟有彈性、香味濃厚的杏桃，將杏桃去籽，加一杯水在鍋中熬煮，再用食物調理器打碎成泥，製成約1.5公斤的杏桃果泥。

2　將梨子去皮並切片，放一杯水在鍋中熬煮，再用食物調理器打碎成泥，製成約1.5公斤的梨子果泥。

3　把杏桃泥跟1顆檸檬汁，加上1.1公斤的白糖放入鍋中，另外加上半根香草，用小火熬煮約15分鐘並不斷攪拌，測試果醬的濃度是否適度。

4　把果醬灌入瓶中一半位置，用紗布覆蓋瓶口保存。

5　第二天把梨子果泥、果膠、剩下的糖、香草條混合在一起，並用慢火煮20分鐘後，加入壓碎的開心果，再檢視果醬的濃稠度。

6　完成後慢慢倒進已裝有 ½ 杏桃果醬瓶中填滿，讓兩層果醬層次分明並列，切勿混合。

•••　美味細緻的果醬，兼備西洋梨的鬆軟又有杏桃的微酸，一個瓶身兩種色澤，是視覺上的一大享受。

FRUITS
EXOTIQUES

CONFITURE AUX

FRUITS EXOTIQUES

13

喬瑟芬皇后
JOSÉPHINE

備料時間│30分鐘
製作時間│20分鐘

材料

香蕉2公斤（切片）
綠檸檬2個榨汁
黃檸檬1個榨汁
椰子肉刨絲125公克、椰漿¼罐
糖1.5公斤、白萊姆酒1匙

製作方式

1 把水果、椰汁、糖一起放入鍋中，用大火煮沸，再用慢火熬煮約10分鐘，並攪拌混合。

2 倒入椰絲充分均勻攪拌，並用食物調理棒稍微攪打，盡量保留果肉纖維；用小火續煮約10分鐘，注意濃度，不可過稠以免燒焦。

3 達到適當濃稠度後，加入白萊姆酒。

4 最後滾開一下，趁熱倒入果醬瓶即完成。

14

馬丁尼克
MARTINIQUE

備料時間│35分鐘
製作時間│30分鐘，分2天

材料

柳橙350公克（去籽切薄片）
檸檬150公克（去籽切薄片）
鳳梨2.5公斤（切丁）
香草條½根（剖半）
糖2.5公斤

製作方式

1 將柳橙跟檸檬切成的薄片一起入鍋中，加入糖、香草、鳳梨，大火加熱至滾開，調到小火續煮約20分鐘。

2 再把煮過的材料全都倒進另一個洗淨的大盆子中，用保鮮膜覆蓋密封過夜。

3 第二天將前夜的果醬再倒入鍋子續煮，直到水果全都呈半透明狀。

4 均勻攪動鍋中的材料，小心不要燒焦沾鍋，並測試濃稠度，完成後趁熱裝瓶即可。

… 鳳梨是很會吸收糖份的水果，這是一款宛若蜜糖的果醬。

15

你濃我濃

NINON

備料時間｜35分鐘
製作時間｜25分鐘

材料
桃子2.2公斤（去籽切薄片）
芒果800公克（削皮切丁）
黃檸檬3個榨汁
果膠30毫升、白糖2.5公斤
君度橙酒1匙

製作方式

1　將所有水果、檸檬汁、果膠、糖都放入鍋中，用慢火熬煮至糖溶化。

2　再用中火熬煮20分鐘，並注意顏色跟味道不能改變。

3　用食物調理棒將鍋中果肉輕輕打碎，並測試果醬的濃稠度是否已到標準。

4　最後加入君度橙酒，趁熱倒入果醬瓶即完成。

16

熱帶芒果

備料時間｜30分鐘
製作時間｜25分鐘，分2天

材料
果香濃郁的熟芒果2.5公斤（削皮切丁）
果膠30毫升
綠色檸檬榨汁500公克
檸檬皮2顆汆燙
白糖2.5公斤

製作方式

1　將水果和糖一起放入鍋中，用慢火將糖煮至融化，再以中大火快煮5分鐘。

2　將所有材料再倒入另一個盆子，用保鮮膜覆蓋，浸漬過夜。

3　第二天把材料倒回鍋中，煮沸後續以小火熬煮25分鐘，撈起浮在表面的泡沫並不斷輕輕攪拌，小心保持果實原有的外形。

4　在熄火前5分鐘，將檸檬皮倒入果醬中，達到應有的濃稠度後即可裝瓶。

17

殖民風情
CRÉOLE

備料時間｜30分鐘
製作時間｜20分鐘

材料
柳橙1公斤（切薄片去籽）
檸檬300公克（切薄片去籽）
香蕉600公克（切片）
鳳梨500公克（切丁）
芒果600公克（去皮切丁）
香草條1根、糖2.5公斤
白色萊姆酒1匙

製作方式

1 柳橙與檸檬切成薄片，香蕉與鳳梨切丁。

2 把切開的香草條及柳燈、檸檬、香蕉、鳳梨一起置於鍋中以大火煮開，再以小火煨煮20分鐘。

3 最後加入1小匙的萊姆酒，再滾煮一下，就可熄火，趁熱把煮好的果醬裝瓶即可。

●·· 這瓶綜合果醬融合了白色萊姆酒、香蕉、芒果、柑橘的味道，口感上包含不同的層次及異國風味。任何時間都可以品嘗，再加上一杯陳年萊姆酒風味更佳。

18

賽席爾風光
SEYCHELLES

備料時間｜30分鐘
製作時間｜30分鐘，分2天

材料
粉紅葡萄柚3公斤（去皮）
葡萄柚皮2個（削片後汆燙）
柳橙皮2個（削片後汆燙）
蘋果榨汁1.5公斤
糖2.5公斤

製作方式

1 把所有水果、果皮及糖一同置入鍋中，用大火煮沸後，再以慢火熬煮約20分鐘。

2 再把所有材料倒入另一個盆子中，用保鮮膜覆蓋封好，讓水果浸漬過夜。

3 第二天把材料倒回鍋中，大火熬煮10分鐘。

4 檢查果醬的濃稠度後，即可裝罐。

●·· 這兩種水果組合有一種甜蜜的帶苦滋味，咀嚼在嘴裡的果皮讓口感更加豐富。

圖片提供：艾立夏廚房

19

廣東柑橘凝露
GELÉE D'AGRUMES CANTON

備料時間│1小時
製作時間│55分鐘，分2天

材料

柳橙／檸檬／葡萄柚／柑／橘
任一種2公斤
白糖（與水果熬汁等量）

製作方式

1　水果刷洗乾淨，去頭尾對切成四塊，不要去皮。

2　把 *1* 倒入裝滿水的鍋（水果必須完全浸在水中）大火燉煮30分鐘後，倒入墊有紗布的盆中，靜置一夜，讓果汁慢慢濾出。

3　第二天將滴出的果汁過磅，再加入等重的糖，先用大火煮滾，再轉小火慢煮25分鐘。

4　仔細均勻攪拌，再看是否達到濃稠度；若到達標準即可熄火，並濾掉表面泡沫即可裝瓶。

•••　下午茶時搭配各種派、蛋糕，或當擺盤裝飾都很適合，也很適合加入糕點與入菜。

20

香蕉桔
BANAKUM

備料時間│30分鐘
製作時間│25分鐘

材料

香蕉2公斤（去皮切圓薄片）
金桔600公克（切4塊，籽置紗布袋內）
蘋果400公克（去皮切丁）
檸檬2顆榨汁
白糖2.5公斤

製作方式

1　將所有水果和糖一起置入鍋中，並把放有金桔籽的紗布袋置入鍋裡，以大火熬煮20分鐘。

2　攪拌鍋內的材料並撈去白色的泡沫與雜質。

3　熄火前再開大火煮5分鐘。

4　測試果醬的濃稠度，完成後放入備好的果醬瓶中即可。

21

香甜菸草
TABBAGO

備料時間｜30分鐘
製作時間｜20分鐘

材料
香蕉3公斤（切片）
黃檸檬500公克（切薄片）
糖2.1公斤
貝禮詩香甜奶酒1匙

製作方式

1　把香蕉、糖、檸檬片放入鍋中，大火熬煮至滾開，再以小火續煮約10分鐘，均勻攪拌。

2　用食物調理棒在鍋中將水果稍微攪打，讓果肉融合在一起，但要留下明顯的果肉纖維。

3　持續小火煮10分鐘，測試果醬的黏稠度，熄火前加入香甜奶酒1匙。

4　再大火一次煮開滾過，就可準備裝瓶。

••• 獨特香料勁道或十多種味覺概念，加上香蕉的柔快口感，像位美麗愛爾蘭女子，沁入流光忘返。

22

風車之島

備料時間｜35分鐘
製作時間｜30分鐘

材料
鳳梨3公斤
果膠30毫升
黃甘蔗糖1.5公斤
白糖1公斤
黃檸檬1顆榨汁

製作方式

1　挑選成熟的鳳梨，果肉越有彈性，水果的香味越能被凸顯。

2　將所有水果放入鍋中，加入果膠和糖慢慢煮沸至糖融化。

3　持續沸騰狀態，攪拌鍋中的材料，再續煮20分鐘，直至果實呈半透明狀，表面氣泡變得沉重。

4　把浮在表面的白色泡沫清除乾淨，測試果醬的濃稠度，完成後即可裝瓶。

23

濃情瑪濃
MANON

備料時間│35分鐘
製作時間│30分鐘

材料

油桃 2.6公斤（去核切片）
芒果 800公克（削皮切丁）
黃檸檬 3顆榨汁
香草條 ½ 條、果膠 30毫升
白糖 2.5公斤、柑橘香甜酒 1匙

製作方式

1　把水果跟檸檬汁及先預製好的果膠、香草、及糖一起放到鍋中用慢火燉煮至糖溶化。

2　再以大火煮25分鐘，要小心保留果味跟果醬色澤。

3　稍微用食物調理棒將果肉打碎，但要保留果肉切片與纖維，檢查一下果醬的濃稠度。

4　加入一匙香甜酒後就可以裝瓶。

24

大溪地風光
TAHITI

備料時間│35分鐘
製作時間│25分鐘

材料

杏桃 1公斤（去籽對切）
杏桃乾 500公克
芒果 600公克（去皮切丁）
香草條 1根（剖半）
黃檸檬 1顆榨汁、白糖 2.1公斤

製作方式

1　將準備好的水果、香草、檸檬汁、糖，一同放入鍋中，以文火煮到糖全部融化。

2　用稍大的火續煮20分鐘，保持其顏色、味道一致，再用食物調理棒輕輕打碎，確定一下濃稠度，完成後就可以裝瓶。

25

甜蜜之島
DOUCEURS DES ÎLES

備料時間｜30分鐘
製作時間｜20分鐘

材料
柳橙800公克（去籽切薄片）
檸檬200公克（去籽切薄片）
葡萄乾250公克
鳳梨2公斤（去皮切丁）
芒果肉200公克、百香果汁250公克
香草條1條、糖2.5公斤
鳳梨乾1杯（切丁）
木瓜乾1杯

製作方式

1　柳橙跟檸檬切成薄片，備好鳳梨乾、芒
　　果肉與百香果汁。

2　把所準備好的水果、糖、香草條一起放入
　　鍋中，以大火煮沸，再用小火熬煮約10
　　分鐘，不要停止攪拌。

3　將葡萄乾及白萊姆酒倒入醬汁中，再煮
　　10分鐘，均勻攪拌後，加入鳳梨乾及木
　　瓜乾再煮沸3約分鐘，檢試果醬的濃稠
　　度，完成即可趁熱裝瓶。

…　此款橘黃的綿密果醬充滿濃郁的熱帶
　　果香，剛入口的酸味隨即被柑橘的甜
　　味所取代，非常適合塗抹在麵包上，
　　或作為鮮魚料理的酸甜醬汁。

26

留吒尼島果醬
RÉUNIONNAISE

備料時間｜35分鐘
製作時間｜25分鐘

材料
熟芒果2公斤（去皮去籽切塊）
柑橘類果汁1公斤
果膠30毫升、白糖2.5公斤
香草條1根（剖半）

製作方式

1　將芒果倒入柑橘類果汁中，加入果膠、
　　白糖、香草條，用慢火煮至糖融化後，
　　轉中火快煮25分鐘。

2　取出香草條後，用食物調理棒稍微攪打，
　　達到適當的濃稠度後即可裝瓶。

ÉPICES

CONFITURE AUX

ÉPICES

香料花園

27

修女的祈禱
COUVENTINE

備料時間｜30分鐘
製作時間｜20分鐘

材料
香蕉2公斤（切片）
柳燈450公克（去籽切薄片）
檸檬150公克（去籽切薄片）
黑李子（蜜李）500公克（去籽切片）
糖2.1公斤
雅馬邑白蘭地1小匙
甘草醬1匙或甘草粉2匙

製作方式

1　將切成薄片的檸檬跟柳燈放入鍋中，加入糖、香蕉一起熬煮。

2　先用大火煮沸，再調至小火熬煮攪拌約10分鐘。

3　加入黑李子，用食物調理棒把鍋中的果料打碎，讓彼此充分混合，但要粒粒分明，保留小塊的果肉，不要打成泥狀。

4　再續煮10分鐘，接著用冷盤測試濃稠度，在熄火前放進雅馬邑白蘭地跟甘草，煮沸之後再趁熱裝瓶即可完成。

•••　此款果醬滿溢著香蕉的香甜，但吃進嘴裡卻充滿了柑橘清爽的滋味，非常適合與甜蛋糕或苦巧克力橘橙條搭配食用。

28

阿拉丁神燈
ALADIN

備料時間｜30分鐘
製作時間｜20～30分鐘

材料
檸檬1公斤（切片去籽）
蘋果2.4公斤（削皮去籽對切成4塊）
糖2.5公斤
杏仁牛軋糖400公克
細薑絲約2湯匙

製作方式

1　把切片的檸檬倒入鍋中，加入糖和蘋果以大火煮滾後，再以小火慢煮20分鐘。

2　用食物調理棒在鍋中輕輕攪拌後，測試果醬的濃稠度，若不夠濃稠再續煮，此時要持續攪拌鍋中的果料。

3　在熄火的幾分鐘前，加入杏仁牛軋糖與薑絲續煮，加溫煮沸後約3分鐘熄火，將果醬裝瓶即可。

•••　搭配奶油蛋糕或杏仁蛋糕是最佳組合。

29
暮光之吻
EVENING KISS

備料時間│30分鐘
製作時間│20分鐘

材料
柳橙1.4公斤（切薄片）
香蕉600公克（切圓形薄片）
檸檬1.1公斤榨汁（部分切薄片）
糖2.5公斤
薑泥1湯匙
香蕉酒（Pisang Ambon）1匙

製作方式

1　柳橙跟檸檬薄片加入糖與香蕉、檸檬汁一起用大火煮滾，再以小火熱10分鐘起鍋。

2　把所有的材料倒入準備好的乾燥容器中，覆蓋保鮮膜醃漬過夜。

3　第二天將醃漬的果料倒回鍋中煮滾，加入1匙的薑末，仔細攪拌約10分鐘，不讓果醬燒焦或沾鍋。

4　檢查果醬的濃稠度，完成後倒入香蕉酒提味，再煮滾一次就可以裝瓶。

•••　柑橘果醬微酸的綿密口感完全被薑及香料所中和，是非常適合入菜之極品果醬；搭配巧克力蛋糕、異國料理或魚料理都非常可口。

30

上海風情
SHANGHAI

備料時間│30分鐘
製作時間│15分鐘

材料

黃檸檬2公斤（切片去籽）
白糖2公斤
細薑絲約2湯匙

製作方式

1 　將檸檬片和白糖放入鍋中，開大火煮沸後，再以慢火熬煮大約20分鐘，充分攪勻鍋中的果粒，並隨時觀察濃稠度。

2 　熄火前把薑絲放入鍋中，待果醬煮沸再續煮約3分鐘，就可裝瓶。

●●● 　檸檬的香味帶點微苦，最適合製作酸甜味的醬料。極適合搭配雞、鴨料理，可去油解膩並增添美味，加入水果蛋糕中亦美味無比！

31

莎嬪女神的花園
JARDIN
DES SABINES

備料時間│30分鐘
製作時間│15分鐘，分2天

材料

李子3公斤（去籽）、糖2.5公斤
杏桃乾500公克、黃檸檬1顆榨汁
柳橙皮½個、綠檸檬皮1顆
香草條1根（剖半）、肉桂粉1茶匙
肉荳蔻磨成細末、果膠30毫升

香料球

胡椒粒約12顆、八角1顆、丁香2顆

製作方式

1 　水果對切去籽，加入糖、檸檬汁及香料放入鍋中，覆蓋上保鮮膜浸泡過夜。

2 　第二天把材料倒入另一個鍋中，加入已準備好的果膠。

3 　用小火慢煮，讓材料慢慢煮沸，把糖融化並仔細均勻攪拌。

4 　熬煮15分鐘至果肉呈半透明狀，取幾滴果醬做冷盤測試濃稠度。

5 　拿出香料球跟香草條後，就可以將果醬裝瓶。

●●● 　可選擇加入一些當季的去皮核桃、榛果或腰果，讓口感更豐富。

32

青澀國度
ARRIÈRE PAYS

備料時間｜35分鐘
製作時間｜35分鐘，分2天

材料
綠色李子2公斤（去籽）
哈密瓜2公斤（削皮去籽切丁）
果膠30毫升
白糖2.5公斤
黃檸檬1顆榨汁
檸檬1顆（切成薄片）
甜香波爾圖葡萄酒（Port）1匙

香料球／香料袋
八角2顆、黑胡椒10粒、
丁香粒1小撮、荳蔻種子1匙壓碎

製作方式

1 將果膠之外的所有材料放入大鍋中，用大火沸煮10分鐘。

2 把煮過的果料倒入一個乾燥玻璃碗中，蓋上保鮮膜，待涼後放在冰箱醃漬過夜。

3 第二天把醃漬的果料加入準備好的果膠，以小火熬煮至糖融化，約25分鐘。

4 不時規律的攪拌，直至果實呈半透明狀，且果醬表面冒出的氣泡沉重緩慢。

5 加入香料袋，並把表面的白色雜質撈掉並注意濃稠度。添加一匙的葡萄酒後，保持大火加熱煮沸3分鐘，完成即可裝瓶。

••• 此款果醬適合淋在早午餐或下午茶的蛋糕上，口味美妙無比。塗在糕餅類的麵包切片上，或加入鄉村麵包的內餡裡，醇厚的口感令人回味無窮。

33

愛情釀的酒
PHILTRE D'AMOUR

備料時間 | 35分鐘
製作時間 | 30分鐘

材料

白桃3公斤（去核切片）
黃檸檬半顆榨汁、香草條1根、果膠30毫升
白糖2.5公斤、波特白酒1杯（約40毫升）

香料袋

四川花椒15顆、丁香2個、薑絲1湯匙

製作方式

1　將桃子、檸檬汁、香草條、果膠、糖、香料包一起放入鍋中，以小火將糖煮化，再大火煮25分鐘。

2　用食物調理棒將果料稍微打碎，保留切片的果肉，繼續以大火煮沸約5分鐘。

3　以冷盤測試果醬的濃稠度，加入1小杯波特白酒，完成後即可裝瓶。

•••　此款果醬催情效果極佳，特別適合塗在土司、小餅乾、烤麵包上，清香撲鼻。

34

冰雪小城
MÉGÈVE

備料時間 | 35分鐘
製作時間 | 35分鐘

材料

西洋梨2公斤（削皮去核切片）
蘋果1公斤（去皮去核對切成4塊）
科西嘉紅酒500毫升
糖2.5公斤、香草條½條（剖半）
磨碎的肉豆蔻少許、肉桂粉1茶匙

香料球

黑胡椒15粒、丁香2顆

製作方式

1　將所有的香料與紅酒放入鍋中，用小火熬煮成糖漿，當溫度到達110度時，再加入水果用大火煮滾。

2　均勻攪拌並隨時觀察，待蘋果轉變為蘋果泥，梨子也呈半透明顏色後，撈起香料球、香草條。

3　測試一下果醬濃稠度，完成後便可裝瓶。

•••　熱紅酒的味道在香料肉桂梨子上更顯突出，此果醬搭配酒漬梨子簡直是皇家級享受，也很適合與烤鵝肉料理搭配。

35

翡翠綠糖
SUCRE VERT

備料時間│30分鐘
製作時間│15分鐘，分2天

材料

黃李子3公斤（去籽）
白糖2公斤、蜂蜜400公克
蘇維翁白酒60毫升
黃檸檬1顆榨汁

製作方式

1　水果洗淨、對切並去籽，放在盆中與糖一起攪拌，再加入檸檬汁與白酒，並覆蓋保鮮膜醃漬過夜。

2　第二天將醃漬的果料倒入鍋中，加入蜂蜜以大火煮沸，再以小火熬煮入味約15分鐘。

3　測試果醬濃稠度，完成後即可裝瓶。

•••　這是一款口感綿密純郁的果醬，單獨品嘗也好，更適合製作完美的甜點。

36

瓜達洛普仙境
GUADALUPE

備料時間│35分鐘
製作時間│30分鐘，分2天

材料

鳳梨2公斤（削皮切丁後約1公斤）
西洋梨1公斤（削皮）
果膠30毫升、柳橙500公克（切片）
芒果300公克（去皮切丁）
百香果汁20毫升、白糖2.5公斤
黃色檸檬1顆榨汁

小紗布袋

磨碎的荳蔻子香料1湯匙

製作方式

1　把所有材料（除果膠外）放入鍋中，開中火約10分鐘煮沸，接著倒入玻璃容器，覆蓋保鮮膜冷藏浸泡醃漬過夜。

2　第二天把材料倒回鍋中，放入果膠用小火慢慢熬煮，讓糖逐漸融化，煮沸約20分鐘，規律攪動鍋中的果料，到果肉變成半透明，且醬汁表面冒出泡沫為止。

3　取出香料包，並把泡沫雜質濾除，進行冷盤濃度測驗，完成後即可裝瓶。

•••　百香果的鮮香絕妙滋味，加上荳蔻則讓味覺更加細緻；可搭配蛋糕、加入飲料或茶中搭配飲用。

37

熱帶豔陽
SOLEIL DES TROPIQUES

備料時間｜30分鐘
製作時間｜30分鐘

材料
鳳梨2.5公斤（去皮切塊）
蘋果500公克（削皮切塊）
檸檬2顆榨汁
白糖2.2公斤
新鮮椰子2個（果肉切絲）
香草條1根（剖半）、丁香1個
白萊姆酒1匙、小紗布袋

製作方式

1 把果皮跟蘋果核、丁香裝在小紗布袋中，紮緊封口。

2 將準備好的水果、糖、香草及檸檬汁放入鍋中，小紗布袋放在鍋子中央。

3 先用大火煮滾，在果料煮滾前加入椰子絲，同時不斷的攪拌。

4 當鳳梨煮到柔軟接近透明狀，泡沫在表面不斷冒出，水果酸味也透過熬煮的過程而去除了。

5 用食物調理棒在鍋中將果料輕輕打碎，並撈起白色的泡沫雜質，熄火前加入白萊姆酒，充分混合後即可裝瓶。

••• 這是一款非常容易製作的果醬，酸中帶甜，口味非常協調。

38

蘋果肉桂凝露
COURVILLOISE

備料時間｜30分鐘
製作時間｜15分鐘

材料
蘋果3公斤榨汁
黃檸檬1顆榨汁
白糖3公斤、肉桂粉2茶匙

製作方式

1 把蘋果汁、檸檬汁及肉桂粉和糖一起放入鍋中，開大火熬煮20分鐘不要攪拌，熬煮過程中，果汁表面會有一層雜質要細心撈起來，維持果凍的清澈度。

2 溫度到達105度時熄火，並在冷盤上測試果醬的濃稠度，完成即可裝瓶。

••• 搭配烤土司或是蘋果塔上的裝飾，甚至是搭配進烤箱的蘋果派，都十分美味，具備美式傳統風格。

AUTRES

AUTRES

CONFITURES

更 多 果 醬 配 方

39

夏洛特巧克力
CHARLOTTE AU CHOCOLAT

備料時間｜30分鐘
製作時間｜10分鐘

材料
西洋梨2.5公斤（去皮切塊）
香草條½條（剖半）
白糖2.1公斤
50%可可的圓型黑巧克力400公克

製作方式

1　將切塊的西洋梨、香草條與糖一起放入鍋中以大火煮沸，再轉小火熬煮，過程約10分鐘。

2　此時水果已逐漸變為透明，用食物調理棒攪碎，直到果泥呈厚重濃稠。

3　調整果泥的濃稠度後加入巧克力，仔細攪拌至巧克力完全融化並跟水果充分混合。

4　將果醬再煮沸一次才能熄火，趁熱裝瓶入罐。

•••　此濃郁豐厚的果醬有純巧克力的香氣及甜密的梨子口感，就像吃糖漬梨子或梨子冰沙，最適合淋在香草冰淇淋或蛋糕上。

40

小白兔
PETIT LAPIN

備料時間｜30分鐘
製作時間｜20分鐘＋35分鐘，分2天

材料
紅蘿蔔2.6公斤（切圓形薄片）
柳橙600公克（切片）
檸檬2顆榨汁
白冰糖2.5公斤
食用橙花精10毫升

製作方式

1　將紅蘿蔔洗淨切成圓形薄片，放入鍋中煮20分鐘撈起瀝乾備用。

2　把煮好的紅蘿蔔放入大鍋中，並加入柳橙切片、檸檬汁、糖，以慢火熬煮20分鐘，不停攪拌，此時要小心鍋內噴出的果漿，以免燙傷，並特別注意避免沾鍋。

3　接下來用食物調理棒把果料輕輕打碎，續煮15分鐘，再測試果醬濃稠度是否合適。

4　最後加入食用橙花精，充分混合後趁熱裝瓶。

•••　此款果醬最適合佐豬肋排或牛尾等菜餚。

41

墨西哥風情
MEXICAINE

備料時間｜35分鐘
製作時間｜35分鐘

材料
柳橙350公克（去籽切薄片）
檸檬150公克（去籽切薄片）
香蕉4公斤（去皮切片）
糖2.1公斤
黑巧克力400公克

製作方式

1　柳橙、檸檬洗淨切片後跟香蕉、糖一起放入鍋中，用大火煮滾後，再轉小火熬煮約20分鐘。

2　用食物調理棒在鍋中輕輕將果料打碎攪拌，使果醬變得柔軟如緞，繼續加溫續煮直到果肉呈半透明。

3　倒進所有的巧克力，充分均勻攪動，注意千萬不能沾鍋。

4　巧克力完全融化後，用冷盤測試一下果醬的濃稠度，完成後即可裝瓶。

•••　此款焦糖色的果醬，聞起來卻是香蕉的濃郁果香，柳橙跟巧克力的美妙苦甜在唇齒間交織，香蕉讓口感更纖軟。果醬微微加熱後，略加少許在香草冰淇淋上更顯美味！

42

玫瑰花凝露
GELÉE À
LA ROSE RUBIS

備料時間｜35分鐘
製作時間｜15分鐘

材料
蘋果3公斤榨汁
黃檸檬1個榨汁
食用玫瑰精油3滴

製作方式

1　將蘋果汁、檸檬汁與糖倒入鍋中，用大火燉煮，不攪拌熬煮20分鐘，表面的薄膜要過濾乾淨，這樣凝露才會清澈漂亮。

2　用溫度計測量，在攝氏105度時熄火，並用冷盤測試果醬的濃稠度。

3　加入3滴食用玫瑰精油攪拌，再煮沸一下就可熄火趁熱裝瓶。

43

萬聖節
HALLOWEEN

備料時間｜30分鐘
製作時間｜25分鐘

材料

南瓜 1.5 公斤（帶皮）
香草條 1 根（剖半）
柳橙 650 公克（去籽切薄片）
檸檬 350 公克（去籽切薄片）
糖 2.3 公斤

製作方式

1　將南瓜切成大塊放入滾水中以大火煮約8分鐘，待呈淺色狀後撈起放入冰水中，保持南瓜鮮豔的顏色，然後去皮切成小塊。

2　將柳橙、檸檬去籽切薄片，與糖跟香草條放入鍋中以大火煮滾，然後轉中火熬煮10分鐘，再將南瓜倒入煮至沸騰。

3　將所有果料倒入另外的乾燥鍋中，並覆蓋保鮮膜靜置2小時。

4　將果醬繼續以小火熬煮15分鐘，輕輕攪拌混合所有材料，不要讓果醬燒焦沾鍋。

5　取出香草條，用食物調理棒把果料打成泥即可裝瓶。

44

澳門風光
MACAO

備料時間｜30分鐘
製作時間｜20分鐘

材料

香蕉 2 公斤（切片）
綠檸檬 2 顆榨汁、黃檸檬 1 顆榨汁
蘋果 800 公克（削皮後切4塊）
果膠 30 毫升、糖 2.1 公斤
白萊姆酒 1 小匙
濃茉莉花茶 40 毫升

製作方式

1　將水果、糖跟濃茶一同放入鍋中，用大火煮沸後，再轉小火熬煮約10分鐘，要不停均勻攪拌，並用食物調理器輕輕打碎，但是要保留完整的果粒。

2　用小火續煮10分鐘後，測試果醬的濃稠度。

3　在熄火前加入1匙白萊姆酒，再煮沸一次之後，即可裝瓶。

45

玫瑰之后
ISPAHAN

備料時間│40分鐘
製作時間│25分鐘

材料
成熟有彈性的淡黃色櫻桃 3.4 公斤（去梗去籽）
糖 2.5 公斤、黃檸檬 2 個榨汁、果膠 30 毫升
食用玫瑰露 1 小匙或食用玫瑰香精數滴

乾燥玫瑰花苞
玫瑰花苞 30 ～ 40 個（滾水汆燙）

製作方式

1　把備好的水果、糖、果膠，一起放入鍋中，以大火滾沸，此時要不停的攪動，直到水果呈半透明狀並往下沉。

2　用冷盤先測試果醬的濃稠度，不夠濃稠的話，延長熬煮的時間。但盡量縮短熬煮時間，因為櫻桃不耐久煮，果肉會變硬。

3　加入食用玫瑰香精跟汆燙過的玫瑰花苞，再讓果醬稍微滾煮，就可以準備裝瓶。

46

茉莉花
JASMINE

備料時間│35分鐘
製作時間│35分鐘

材料
西洋梨 2 公斤（削皮去籽切片）
蘋果 1 公斤（削皮去籽對切 4 塊）
果膠 30 毫升、糖 2.5 公斤
香草條 ½ 條（剖半）
茉莉花茶葉 1 小撮

製作方式

1　將糖加入檸檬汁跟果膠放入鍋中加熱融化。

2　變成果漿之後，待溫度到達 110 度的最佳狀態，再放入水果開大火煮沸，過程中要仔細攪拌，並小心果漿因加溫而噴出；蘋果會越煮越小成果泥狀，水梨則逐漸呈半透明色。

3　取出香草條，用食物調理棒在鍋中稍微攪拌，加入茉莉花茶葉。

4　檢查一下果醬的濃稠度，完成即可裝瓶。

47

東方微笑玫瑰露
SOURIRE ASIATIQUE
EAU DE ROSE

備料時間│40分鐘
製作時間│30分鐘

材料

新世紀水梨2公斤（去皮去核切薄片）
檸檬2顆榨汁
荔枝1公斤（去皮去籽）
白糖2公斤
果膠30毫升
摩洛哥玫瑰露1小匙或食用玫瑰精油2滴
乾燥玫瑰花瓣與花苞1小撮（滾水汆燙）

製作方式

1　把水梨切片放進鍋中，加入檸檬汁、果膠和白糖，以小火慢煮並輕輕攪拌約10分鐘。

2　接著加入荔枝繼續熬煮20分鐘，攪拌均勻並注意果醬濃稠度，不要燒焦。

3　添加玫瑰露及汆燙過的乾燥玫瑰花苞與花瓣，再轉大火煮沸一下，充分混合所有香料後即可趁熱裝瓶。

•••　此款玫瑰露，擁有玫瑰的優雅與輕柔，最適合搭配下午茶甜點或是淋在中式的清蒸料理或烤乳鴿上，有令人異想不到的驚喜。

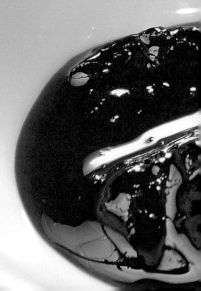

3

L'UTILISATION DES

CONFITURES

果 醬 的 延 伸 應 用

在歐洲，果醬入菜是非常普遍的一種料理方法。

生活在亞熱帶地區的台灣，一年四季都有新鮮的當季水果可以吃，我們早已習慣了各種水果及香料入菜的概念，如「蘋果咖哩」、「鳳梨雞」及「橙汁排骨」等等。我們通常會拿果醬來搭配甜點、麵包、土司或餅乾，但是在法國，甚至是歐洲，拿果醬來入菜、調酒，卻是司空見慣的料理方式，其中法國人則是對果醬的使用方式有出神入化的創意。

飲食及料理的習慣絕對與風土民情有關。回溯中古世紀時期，當時的法國料理使用極大量的調香材料，如香料與醃漬水果等等，以濃重的辛香掩蓋食材本身的味道。這是因為當時的蠻族料理，主食以打獵獲得的肉類野味為主，不但腥味重，且新鮮的肉保存不易，只好用大量的香料和漬物，如水果及醃菜，來遮蓋腐化或不良的肉味。演變至今日，就形成了熬煮的醬汁在法式料理中占有舉足輕重的地位。

講究美食的法國人將果醬的使用方式提升到了藝術的層次，法式手工果醬跟一般超市販賣的果醬不一樣，果香味濃郁，沒有糖精呆板的甜味，也保留了比較多的果肉。由於入口之後充滿了果香味，因此不論是法式果醬或是凝露，在法國媽媽的廚房中，都是熬煮醬汁的好材料。

用果醬來搭配菜色的方式，其實跟葡萄酒有異曲同功之妙。按照大原則來說，顏色較沈的果醬，如各式莓類果醬、葡萄果醬或是蘋果果凍，常常用在搭配味道比較重的紅肉，如牛肉、鴨肉、羊肉等等。將欲搭配肉類的青菜與辛香料炒香後，放入少許果醬熬煮一會兒，直到青菜都軟爛之後，再將醬汁淋在肉排上，醬汁中的果香與甜味不但能降低肉類的腥臊味，還能提鮮解膩，讓食物在嘴裡咀嚼出更多不同的層次。反之，顏色較淺的果醬，如柑橘、柳丁、檸檬、奇異果等，則是適合搭配所謂的白肉，像雞肉、魚肉等等；挖一匙直接搭配烤好的魚肉，果醬中的酸甜口味比直接淋上檸檬汁入口，更多了好幾種令人回味再三的滋味。

除了熬煮醬汁當成沾醬之外，法式果醬入口滿滿的水果口感，也非常適用於調配雞尾酒、當成甜點的淋醬、搭配紅茶熬煮水果茶、法式薄餅的內餡，甚至隨著乳香味十足的起司或鵝肝醬一起入口，滑順濃郁的口感加上甜而不膩的果醬，都能讓食物的味道變得更豐富多元。

準備好你的法式果醬了嗎？挖一匙果醬，拿出平底鍋來熬煮醬汁，或是用美麗的酒杯調一杯果香雞尾酒，讓舌尖上跳躍飛舞的香甜果味顛覆你的味蕾吧！

圖片提供：艾立夏廚房

BOISSONS

特色果醬調酒

MARMELADE
GIN-TONIC

MÉGÈVE VIN
CHAUD

WHISKY
CONFITURE MEXICAINE

COCKTAIL
FORMOSA

柑橘琴湯尼 *MARMELADE GIN-TONIC*

材料：琴酒、Schweppes舒味思氣泡飲料（可用汽水取代）、冰塊、廣東柑橘凝露（p.52, no.19）

作法：準備琴酒一小杯，加入一匙的柑橘或是杏桃果醬，再加入氣泡飲料及冰塊，攪拌均勻即可。

琴酒是一種蒸餾酒，富含許多香料，包括香菜、橘皮、檸檬皮、當歸、甘草、杏仁與鳶尾根，加入氣泡水與柑橘凝露後，清爽的口感很適合當開胃酒，搭配切成小塊的起司與培根的開胃菜最為適合。

建 | 議 | 搭 | 配 | 酒 | 款
Beefeater Gin

創建於1820年的Beefeater Gin公司，前身是製造有草藥及植物清香杜松子酒的蒸餾廠，他們所生產的杜松子酒，在諸如杜松子、香菜、柑橘、檸檬皮、當歸、甘草、杏仁及鳶尾根等原料之間，保持著出色的平衡。在調製此款雞尾酒時，請天馬行空地擷取靈感，盡可能發揮Beefeater琴酒獨特又微妙，介於科學性和藝術性之間細膩的草本融合風味。

冰雪小城熱紅酒 *MÉGÈVE VIN CHAUD*

材料：法國勃根第紅酒、冰雪小城（p.62, no.34）

作法：倒一杯勃根第紅酒，加入兩大匙果醬，仔細攪拌均勻後放入微波爐中加熱30秒，再次攪拌後放置15秒鐘靜待果醬與酒融合。溫熱地小口啜飲，體驗法式的熱葡萄酒口感，這種熱葡萄酒在法國常被用在治療感冒初期喉嚨痛及腸胃不適的症狀。

這款果醬與紅酒的搭配並不是取其相近的口感，但果醬甜味與酒的果香味與橡木桶香相得益彰，是一種既衝突又和諧的奇特口感。

建 | 議 | 搭 | 配 | 酒 | 款
Domaine Dominique Gallois Gevrey-Chambertin Village ——————— 勃根第紅酒

鮮潤的紅色、黑色莓果、木質香氣，鮮活集中、圓熟飽滿的口感。單寧細緻緊實，搭配料理倍增美味。

墨式風情威士忌 *WHISKY CONFITURE MEXICAINE*

材料：蘇打餅或巧克力蛋糕、威士忌、墨西哥風情（p.69, no.41）

作法：準備1小匙的果醬，加入不加冰塊的威士忌中，攪拌均勻即可。將蛋糕盤用熱水燙過，裝盛巧克力蛋糕或蘇打餅搭配食用。

巧克力也許是所有酒類的剋星，卻是威士忌的好朋友，尤其是純度70%以上的黑巧克力，鼻中的可可香與口中的威士忌醇香，是下午茶最美好的驚喜。

建 | 議 | 搭 | 配 | 酒 | 款

威雀酒廠 *The Famous Grouse, Pure Pot Still Irish Whiskey*

威雀酒廠是由馬修．葛洛格父子於1880年所創建的家族事業，香醇的祕密來自於調和了純麥威士忌與多種麥類威士忌，並長期儲存在古老的橡木桶中。酒莊所推出的 Pure Pot Still Irish Whiskey是世上數一數二的愛爾蘭威士忌，融合了多元的辛辣口感，擁有溫潤厚實的果香味。這款在千禧年問世的威士忌廣受歡迎，現在已經越來越稀少了。

福爾摩沙雞尾酒 *COCKTAIL FORMOSA*

材料：蘭姆酒、冰塊、甜蜜之島（p.55, no.25）

作法：取2茶匙果醬放入杯中，倒入蘭姆酒輕輕攪拌至果醬溶解，加入冰塊後清涼飲用。

來自果醬濃厚的果香味完美調和了濃烈的蘭姆酒，是一杯好喝順口的調味雞尾酒。也可以利用芒果、木瓜和奇異果等不同口味的果醬，調出不同風味的雞尾酒。

建 | 議 | 搭 | 配 | 酒 | 款

Bacardi Superior Rum from Cuba / Martinique La Mauny Three Rivers

Martinique公司的蘭姆酒自1996年以來都得到AOC的認證，證明其產地的真實性及代表性，同時顯示了該產品與風土及當地人地盡其利的生產方式之間的密切關係；至於La Mauny和Three Rivers這兩款蘭姆酒，一直以來都是重大國際比賽中的常勝軍。

CUISINÉS

美 味 果 醬 料 理

＊編注：食譜中未標出份量之調味料請依個人喜好適量。

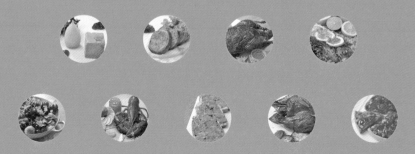

FROMAGES ET CONFITURES DE BAIES

起司佐莓果醬

材料

各式起司

• • • 黑櫻桃果醬或
羅亞爾河之夏尼
小鎮（p.44, no.11）

製作方式

1 　將起司切成適當大小，排在盤子上。

2 　果醬用小碟子盛裝，放在盤子旁邊用起司沾食即可。

3 　可以搭配葡萄、無花果等水果享用。

起司很適合與各種莓類的果醬，如小紅莓、藍莓及黑莓……等等。紅酒是起司的良伴，味道濃郁、偏鹹的藍起司通常適合搭配有甜味的酒來平衡鹹味；口味較淡、口感較軟的起司則是跟白酒比較搭。起司略帶鹹味，口感綿密，啜飲好酒，再加上酸中帶甜的莓類果醬，嘴裡滋味堪稱一絕。

建｜議｜搭｜配｜酒｜款——隆格多白酒
Domaine Jones Sweet Muscat,
Languedoc-Roussillon, France

100% Petit Grain 品種，釀造時以冷凍終止發酵，保留葡萄自然的香氣。散發清新的香氣，入口有芭樂、玉荷包的香甜後韻，甜中帶葡萄自然的果酸。

SALADE NIÇOISE

尼斯沙拉

醬汁

初榨橄欖油少許

現榨檸檬汁少許

第戎芥末醬2湯匙

紅蔥頭1顆（去皮切絲）

油漬鯷魚2湯匙

酸豆1湯匙（切碎）

白酒醋2湯匙

•·· 茉莉花（p.72, no.+6）

沙拉

四季豆200公克

馬鈴薯2顆

油漬鮪魚1罐

蘿蔓生菜2顆（撕碎）

黃瓜1條

羅勒葉少許

洋蔥1顆（切絲）

甜椒2顆（切絲）

番茄6顆（切塊）

鹽與胡椒少許

醃漬橄欖適量

水煮蛋4顆（切塊）

製作方式

1 橄欖油、檸檬汁、芥末醬、紅蔥頭、油漬鯷魚、酸豆、白酒醋以及茉莉花果醬混合成沙拉醬汁備用。

2 馬鈴薯放入加鹽冷水中煮滾，再轉用中火煮至鬆軟。取出放涼後，去皮切塊備用。

3 將四季豆切成小段，用滾水加鹽煮到軟後，放入冰水中冰鎮，再瀝乾備用

4 混合1、2、3的材料，與弄散的鮪魚肉及生菜拌勻，灑上鹽與胡椒，放上醃漬橄欖及切塊水煮蛋即可。

要將醋調入沙拉的醬汁中，且與餐酒搭配，最重要還是取決於醋的品質。這款推薦酒與這道傳統法式沙拉及其使用的醋醬極度合味。

建｜議｜搭｜配｜酒｜款 ——— 勃根第粉紅酒
Domaine Dominique Gruhier Bourgogne Epineuil Rose Cuvee Capucine, Burgundy, France

以Pinor Noir和Pinot Gris混釀的粉紅酒。粉色花香，非常潤口。輕柔中有酒體，具層次感的一款酒，非常適合搭餐。

MARINADE DE POIVRONS À L'HUILE D'OLIVE

油醋彩椒

材料

紅甜椒2顆

黃甜椒2顆

白酒醋100毫升

特級橄欖油500毫升

百里香1片

月桂葉1把

糖50公克

海鹽

白胡椒

••• 秋日的回憶（p.42, no.9）

製作方式

1　將紅黃甜椒直接放在火爐上，將表面所有有顏色的部分都燒黑，再用水將燒焦的表皮沖洗乾淨。

2　切開甜椒，去除籽與心，再切成適當大小並用廚房紙巾吸乾多餘水分。

3　灑上少許海鹽調味，放入容器中，再將百里香、月桂葉、糖、白酒醋與特級橄欖油倒入容器。

4　蓋上蓋子醃漬半天之後，可沾果醬一起食用。

如同所有開胃菜，這道橄欖油漬甜椒搭配葡萄酒一起喝，更增添其香氣及味道。這支酒款飽滿的單寧及些微的酸度與橄欖油十分合拍，為搭配的餐點創造出美味的和諧感。

建 | 議 | 搭 | 配 | 酒 | 款 ——— 隆格多紅酒
Domaine Jones Grenache Noir IGP Cotes Catalanes, Languedoc-Roussillon, France

主要品種是 Grenache Noir，加上少許 Carignan，稀有的80年老藤。乾淨的漿果味，像成熟的覆盆子、草莓等，後段變化出紫羅蘭，加上一點香料味。柔順的酸度與單寧，自然清新，優雅深長。

SALADE DE POIRES AU FOIE GRAS

鵝肝梨子沙拉

材料
肥鴨肝
波特酒
白蘭地
鹽
白胡椒

其他
糖漬洋梨
生菜
特級橄欖油
陳年巴薩米可醋
•••革命精神（p.39, no.3）

製作方式

1　肥鴨肝順著紋理撥開，去除裡面的血管與筋膜。

2　把處理好的肥鴨肝與波特酒、白蘭地、鹽與白胡椒混合，冷藏醃漬一天。

3　把醃漬好的肥鴨肝填入模子中，放入烤箱以130度隔熱水加熱20分鐘，然後取出，把多的油倒出來（保留備用），肥肝放涼。

4　將肥鴨肝用重物緊壓3～4小時，完成後冷藏一晚，隔天再把做法3的肥肝油溶化，倒在表面。

5　完成的肥肝盅冷藏放置3～4天之後再食用風味最好。

6　出菜時把肥肝盅切成所需要的大小，搭配糖漬洋梨、生菜與果醬，以巴薩米可醋裝飾即可。

透過酒和各種果料的熬煮，可提升梨子的香味與滑順口感，和鵝肝醬的組合極佳。

建｜議｜搭｜配｜酒｜款 ——————— 索甸甜酒
Maison Sichel Sauternes, Bordeaux, France

波爾多索甸區釀造全球公認最佳的甜酒。Sémillon 和 Sauvignon 兩品種和諧地結合，富郁的柑橘香和果醬水果的香味，並帶有一絲蜂蜜氣息。口感呈現出多層的持久香氣，還有柑橘和乾無花果味。

OMELETTE FORESTIERE
森林蘑菇蛋捲

材料

雞蛋 3 顆

鮮奶油 100 毫升

綜合菇 150 公克

大蒜 1 瓣

紅蔥頭 1 瓣

巴西里少許

奶油

鹽

胡椒

••• 小白兔（p.68, no.40）

製作方式

1　綜合菇洗淨，切片，大蒜與紅蔥頭切細，巴西里也切碎備用。

2　用奶油炒菇類，炒好之後把蒜末、紅蔥頭末與巴西里加入，並用鹽與胡椒調味。

3　雞蛋打散，加入鮮奶油，用少許鹽與胡椒調味，下鍋用奶油煎到半熟。

4　倒入炒好的綜合菇，再將蛋捲起來即可。

5　挖一匙小白兔果醬在盤子上佐食，再加上幾杯好酒，就是人間美味了！

菇類的清香與果醬中的精油香氛，在氣味的融合上搭襯的極好，如果再加上一杯溫潤低單寧的紅酒，那麼嘴裡的香味層次就更為豐富了。

建｜議｜搭｜配｜酒｜款 —————— 隆河紅酒

Domaine Jean-Michel Gerin Saint Joseph,
North Rhone, France

100% Syrah，開瓶有紅色莓果的香氣與口感，醒酒後可感受風土特有的烏梅與獸皮味的香氣，單寧優雅細緻。

PATÉ DE CAMPAGNE
鄉村肉凍

材料

豬後腿肉500公克

豬板油250公克

豬肝250公克

紅蔥頭4顆

蒜仁4顆

干邑白蘭地75毫升

白葡萄酒75毫升

全蛋1顆

海鹽15公克

豆蔻粉少許

丁香粉少許

白胡椒粉少許

巴西里適量

豬油網適量

••• 驚喜之旅（p.45, no.12）

製作方式

1　豬後腿肉、豬板油絞成中等粗細，豬肝挑去筋膜之後切小丁。

2　紅蔥頭、蒜頭與巴西里切碎與做法 *1* 的食材混合，加入白酒、干邑白蘭地與所有的香料，絞拌均勻之後冷藏醃製24小時。

3　將醃好的餡料與雞蛋混合，緊實的填入鋪好豬油網的模子中，填好之後記得把豬油網回蓋在餡料表面。

4　在表面蓋一張鋁箔紙，放入150度的烤箱，以隔水加熱的方式烤約90～120分鐘，以肉派的中心溫度達65度為烹調完成的依據。

5　將肉派取出冷卻，上面再用重物壓緊4～6小時，完成之後用保鮮膜包好冷藏。

這支帶果香的紅酒濃郁適中，略有些香料的風味，與這道料理十分契合。

建｜議｜搭｜配｜酒｜款 —— 波爾多右岸紅酒
Chateau Gaby, Bordeaux, France

80% Merlot、10% Cabernet Sauvignon 和10% Cabernet Franc。黑、紅色醬果濃郁，花香及 Cabernet Franc 帶來的礦石硯台味、核果豐富的煙燻氣息、焦糖、甘草的香甜與酸度有著絕佳的均衡。

COUS D'OIES FARCIS

白桃鵝頸肉捲

材料

鵝脖子10支

豬後腿肉750公克

豬板油250公克

白蘭地10毫升

百里香少許

巴西里少許

荳蔻粉少許

海鹽20公克

黑胡椒5公克

鴨油足量（烹調用）

••• 愛情釀的酒（p.62, no.33）

製作方式

1 鵝脖子取皮，並仔細除去殘留的毛根。豬後腿肉與豬板油請肉商幫您做成中等粗細的絞肉。

2 把絞肉與所有材料混合均勻分成10份，每份約100g，接著將絞肉塞入 *1* 的鵝脖子中，填實之後用棉繩將前後紮緊。

3 把鵝頸腸放入大鍋中，另外拿一個鍋子將鴨油加熱到100度後，倒入放有鵝頸腸的鍋子中，油要剛好蓋過鵝頸腸。

4 鍋子不蓋鍋蓋放入烤箱，以100度烤80分鐘，食用前用鴨油把鵝頸腸表面煎成金黃色，切成片狀佐果醬，就大功告成！

鵝頸可以用鴨頸代替，餡料中可以加點開心果或是自己喜歡的香料，食用時搭配馬鈴薯泥或是燉白豆。

建｜議｜搭｜配｜酒｜款───── 勃根第紅酒

Domaine Theulot-Juillot Mercurey 1er Cru La Caillout Rouge, Burgundy, France

為酒莊的獨佔園。1979種植，兩基因選種的老藤：一具優雅細緻的特質，另一則是架構與色澤。有著黑醋栗、洛神花的果味，一級園的架構，優雅的單寧需略醒酒。醒開後，成熟多汁的黑皮諾酸中帶潤。是一款架構與果味兼具的一級園酒。

CAILLES AU RAISIN

白酒鵪鶉

材料

鵪鶉6隻

雞肝100公克

豬絞肉400公克

洋蔥1顆

大蒜3瓣

百里香少許

巴西里1束

白葡萄1串

白酒適量

干邑適量

海鹽

胡椒

••• 白酒之鄉凝露（p.40, no.4）

製作方式

1　洋蔥切絲、大蒜切碎一起炒香；葡萄川燙冰鎮之後去皮與籽；新鮮香草切碎。

2　雞肝切小丁與豬絞肉混合，再把1的材料加入，倒入白酒、干邑與白酒之鄉凝露一起混合均勻，用鹽巴與胡椒調味。

3　把2的餡料填到鵪鶉裡面之後下鍋，用油把鵪鶉表面略煎上色。

4　把煎好的鵪鶉放到深鍋中，倒入水或高湯與適量白酒一起用小火燉煮。

5　取出鵪鶉，鍋中的湯汁繼續加熱收到適當濃度，用鹽與胡椒調味，擺盤上桌享用。

鵪鶉肉嚐起來有天鵝絨的口感及香嫩肉汁，配上有香料、煙草等香味、柔滑單寧的酒類，是一種在嘴巴裡達到美妙平衡的無上快感！

建｜議｜搭｜配｜酒｜款————— 勃根第紅酒

Domaine Dominique Gallois Gevrey-Chambertin Village, Burgundy, France

鮮潤的紅色、黑色莓果和木質香氣，鮮活集中、圓熟飽滿的口感。單寧細緻緊實，搭配料理倍增美味。

CANARD ROTIS

橘醬烤鴨

材料

鴨1隻（櫻桃谷品種為佳）

百里香1束

月桂葉2片

巴西里1束

青蒜苗1支

沙拉油適量

海鹽適量

胡椒適量

•••廣東柑橘凝露（p.52, no.19）

製作方式

1　把鴨子內外都洗淨擦乾。

2　用鹽與胡椒把鴨子裡外加以調味，並把新鮮香草塞到鴨子內部。

3　鴨子表面抹上適量沙拉油，放入預熱180度的烤箱，鴨胸朝上烤20分鐘，其他三面各烤12～15分鐘烤的時候每10分鐘打開烤箱，將烤盤裡的熱油淋到鴨子表面。

4　將烤盤中的鴨油加入紅酒及些許廣東柑橘凝露熬煮，均勻淋在鴨子表面。

5　烤完的鴨子蓋上鋁箔紙，放在溫暖處靜置15分鐘再上桌。

鴨肉是一種風味濃郁的禽肉，需要清新的好酒來匹配。對美食家而言，搭配這支白酒無疑是極致的享受。

建｜議｜搭｜配｜酒｜款 —— 阿爾薩斯白酒

Alsace Willm Pinot Gris Grand Cru Kirchberg de Barr, Alsace, France

柑橘、橙花精油般怡人的氣息，自然有機耕作帶來微甜入喉後像含著果乾般的豐富口感。適合搭配有醬汁的料理。

POULET FERMIER

農場雞

材料

薑（切絲）適量

檸檬汁少許

白醋少許

大蒜數瓣

洋蔥（切丁）1顆

雞高湯塊 ½ 塊

切塊全雞1隻

胡椒鹽與胡椒適量

魚露少許

•·· 上海風情（p.60, no.30）

製作方式

1　買已剁好的全雞一隻，起油鍋，將切丁洋蔥、大蒜和雞肉塊一起烹煮至雞肉呈現金黃色。

2　加入鹽巴與胡椒調味，再加入檸檬汁、薑絲拌煮一下。

3　加入魚露、雞高湯塊 ½ 個或雞粉，最後加水淹過鍋中食材一起熬煮。

4　要起鍋前，依照個人口味加入白醋、檸檬皮和果醬調味，充分攪拌後即可熄火裝盤。

建｜議｜搭｜配｜酒｜款 ———— 勃根第白酒

Domaine Seguin-Manuel Vire-Clesse, Burgundy, France

Vire-Clesse 位於 Macon 區北部，法定產區於1998年頒訂。金黃色酒液，結合新鮮果味、礦石、花果的香氣，高雅清新，濃郁集中。豐富的果味與礦石鮮活感交織，極致純淨。

POISSON VAPEUR
清蒸鱈魚佐果醬蝦

材料

帶殼草蝦7尾

鱈魚2片

奶油與橄欖油適量

大蒜6瓣

不甜的白酒少許

●•• 奇異果鳳梨果醬或
　　冬日的夏陽（p.40, no.5）

製作方式

1　鱈魚不加調味，直接蒸煮10～15分鐘。

2　鍋中加入奶油、橄欖油、草蝦及蒜末，蓋上鍋蓋悶煮2分鐘後，稍微翻炒即可起鍋。

3　在鍋中加熱奶油及果醬，倒入白酒添加香氣，將醬汁熬煮至濃稠狀後熄火。

4　蒸好的鱈魚去掉魚皮、魚骨，切成適合的大小裝盤，淋上3的醬汁，最後擺上草蝦便完成。

果醬酸酸甜甜的滋味，對魚、蝦等海鮮料理來說，是再適合不過了，提升海鮮鮮味的同時，清新的口味還能解膩。

建 | 議 | 搭 | 配 | 酒 | 款————————白中白香檳

*Lilbert-Fils Extra-Brut Perle Grand Cru,
Champagne, France*

酒莊特別款Perle，綿密的氣泡在優雅細緻外又多了一份華麗，檸檬皮、青蘋果與水梨的氣息，清爽鮮活，有一種超級低調的精緻感，是力道與精湛完美的結合。Perle有著綿長的尾韻並展現絕佳的平衡清新感。

圖片提供：艾立夏廚房

POISSON AU SEL

鹽燒魚

材料

新鮮海魚1尾

茴香適量

月桂葉適量

百里香適量

白胡椒粒少許

粗海鹽適量（視魚的大小）

••• 洛神花凝露或
冬日的夏陽
（p.40, no.5）

製作方式

1 新鮮海魚處理乾淨，在魚腹內先灑一些鹽，再塞入切片茴香、月桂葉、百里香與白胡椒粒。

2 拿一個夠大的烤盤，用粗海鹽把整隻魚包覆起來放在烤盤上，放入150度的烤箱烤30～40分鐘。烤的時間可以按照魚的大小酌量增減。

3 把表面的鹽巴層敲開，整隻放上桌搭配果醬享用。

厚厚的海鹽和魚皮的油脂封存了魚肉的水份，因此富含鮮美魚汁的鹽烤魚搭配這支酒，絕對是相得益彰，令人齒頰留香的絕妙滋味！

建｜議｜搭｜配｜酒｜款 ———— 隆格多白酒
Domaine Jones La Perle Rare Grenache Gris, Languedoc-Roussillon, France

60年老藤的Grenache Gris釀造的限量酒款。有著榛果、焦糖、杏仁等香氣，入口有薑餅、烤餅乾的特殊風味，口感集中均衡，有著勃根第Meursault的風格，圓潤但不肥膩。

ACRAS DE CREVETTES

香茅奶油蝦

材料

新鮮蝦子3～4隻

香料奶油

香茅3～4片

蜂蜜少許

•••瓜達洛普仙境（p.64, no.36）

製作方式

1 將蝦子去殼去腸泥。將蝦頭敲碎或是用食物調理機打碎，取得蝦頭汁。

2 將部分去殼的蝦子用奶油煎過，再將煎好的蝦子切塊，拌入蝦頭汁，加入半顆檸檬汁、鹽與胡椒拌勻。

3 將切碎的蝦泥加上一小片香茅作成蝦球，用奶油浸沾後續用橄欖油炸至熟透，起鍋後再用紙巾將油吸掉。

4 用平盤裝盛吸過油的蝦子，在盤子上點綴些許果醬。

會選用爽口的香檳來搭配，主要是因為炸蝦酥脆的特性。翻騰的氣泡隔絕油膩的同時，也提供猶如檸檬汁恰到好處的酸度。

建｜議｜搭｜配｜酒｜款 ──────── 粉紅香檳

Laherte Freres Rose de Meunier, Champagne, France

以100% Pinot munier葡萄釀成的新款粉紅香檳。以一個品種Pinot munier 先釀造成粉紅酒、紅酒、白酒的三種型式為基酒再加以混釀，這是香檳區釀造工藝極致的展現！30%浸皮粉紅酒：帶來變化豐富的層次；10% 紅酒：賦予紮實的酒體與結構；60%白酒：給予新鮮的口感。

HOMARD À LA PROVENÇALE

普羅旺斯龍蝦

材料

生猛活龍蝦1隻
白酒適量
月桂葉1片
百里香1把
白胡椒粒少許
海鹽適量

●•• 普羅旺斯果醬或
　　薰衣草果醬或
　　杏桃果醬或
　　陽光山城之夢（p.41, no.6）

製作方式

1　龍蝦先放置在冰箱裡冷藏2小時以上，讓龍蝦進入冬眠狀態。

2　煮一大鍋水，加入適量白酒、鹽、一片月桂葉、一把百里香與少許白胡椒粒。

3　趁著鍋中水沸騰的時候將龍蝦放入沸水中，蓋上蓋子煮8～10分鐘。

4　取出龍蝦，蓋上鋁箔紙，放在溫暖的地方靜置10分鐘。

5　享用時請搭配海鹽或是果醬。

甲殼類的海鮮非常適合搭配白酒，清新果香與綿密細緻的口感，搭配龍蝦料理時，更能帶出海鮮原有的鮮甜滋味。

建 ｜ 議 ｜ 搭 ｜ 配 ｜ 酒 ｜ 款 ————隆河白酒
Romain Duvernay Condrieu, Northern Rhone, France

100% Viognier 釀造。全球聞名的白酒中最難種植的品種，Viognier 總要在最顛簸的斜坡上才看得到她嬌滴滴的身影，而 Viognier 濃郁、獨特的杏桃味，更是讓人驚豔。

CHOUX BRAISÉ ET COTES DE PORC
包心菜肋排

燉包心菜材料

皺葉包心菜半顆

醃燻培根丁100公克

白酒100毫升

雞高湯200毫升

大蒜2瓣

鹽

白胡椒

烤豬排

厚片帶骨豬里肌排

法式芥末籽醬

黑胡椒

鹽

••• 莎嬪女神的花園
　　（p.60, no.31）

燉包心菜製作

1　將皺葉包心菜切細絲，洗乾淨備用。

2　大蒜切片，用油炒香之後放入瀝乾的包心菜絲，略為炒過之後倒入白酒與雞高湯。

3　放入培根丁，小火燉煮20分鐘，再用鹽與胡椒調味即可。

烤豬排製作

1　豬排烹調之前先放回溫，並以鹽、黑胡椒、果醬、莓果類果醬與紅酒醃漬調味。

2　拿一個平底鍋，燒熱鍋子之後倒入油，立刻將豬排下鍋將兩面煎到金黃。

3　放入烤箱用200度烤8～10分鐘，完成之後取出，蓋上鋁箔放在溫暖的地方靜置10分鐘即可。享用的時候搭配法式芥籽醬與燉包心菜。

李子類的果醬非常適合用來當醃漬豬肉及搭配料理的醬料，這時再來一杯充滿莓果芬芳、香草莢香甜味的紅酒，嘴巴裡各種濃郁飽滿的味道融合得非常完美！

建│議│搭│配│酒│款————隆河紅酒

Domaine Jean-Michel Gerin Cote-Rotie Champin Le Seigneur, Northern Rhone, France

北隆河獨特的95% Syrah 和5% Viognier 紅白葡萄混釀黃金比例。有著豐富的櫻桃風味，中等酒體、香氣馥郁，黑莓、香料系口感飽和而多層次。

SAUCE VIGNERONNE
牛排佐紅蔥醬

材料

菲力牛排4塊
牛高湯200毫升
紅蔥頭12顆
紅酒100毫升
無鹽奶油（適量）
海鹽
黑胡椒
••• 冰雪小城（p.62, no.34）

製作方式

1 　菲力牛排用棉繩綁好定型，用鹽與黑胡椒調味；奶油切成小丁冷藏備用。

2 　燒熱平底鍋，用油把菲力牛排各面煎上色，再將牛排放入烤箱用200度烤5分鐘，烤好之後保溫備用。

3 　煎牛排的平底鍋不要洗，倒掉鍋內原來的油，將鍋子重新燒熱之後倒入紅酒、牛高湯與果醬，再放入紅蔥頭一起熬煮10-15分鐘。

4 　醬汁熬煮好之後離火，加入奶油並且攪拌均勻，讓醬汁稠化，最後用鹽與胡椒調味。

5 　把菲力牛排的棉線拆除後放在盤子中，淋上紅蔥頭醬汁，煮好的紅蔥頭放在旁邊，在牛排上灑點海鹽就可以享用了。

這道菜餚的烹煮方式非常法式，在法國各地的小酒館都可見到，和微酸、中等單寧口感的葡萄酒是絕妙搭配。活潑的葡萄酒口感，加上鮮香的牛排肉汁與充滿果香的醬汁，帶來美好的食用經驗。醬汁中隱含的辛香與酒液中的香料與皮革香，豐厚的口感讓唇齒留香。

建｜議｜搭｜配｜酒｜款 ——————— 隆格多紅酒

Domaine de Cebene Felgaria,
Languedoc-Roussillon, France

主要以種植在片岩上的Mourvèdre老藤為主，並加上Syrah、Grenache調配釀造成經典酒款。深沉的香料、豐富的果香，伴隨高雅的草本植物、礦石氣息，像天鵝絨般柔軟光滑的單寧。為國際酒評隆格多魯西雍最高分的常勝軍。

QUATRE QUART
磅蛋糕

材料

低筋麵粉200公克

杏仁粉50公克

砂糖130公克

蛋黃125公克

無鹽奶油200公克

泡打粉6公克

鹽1公克

白胡椒（調味用，依個人喜好決定份量）

●•• 就要義大利（p38, no.1）

製作方式

1. 麵粉、杏仁粉、鹽、白胡椒與泡打粉混合之後過篩備用；無鹽奶油切成小塊，在室溫下放軟。

2. 將砂糖、奶油混合，用力攪拌均勻，然後以一次一顆的方式把蛋黃加入，攪拌均勻，最後將果醬加入混合。

3. 把步驟2的原料倒入粉類混合物（麵粉、杏仁粉與泡打粉）中，攪拌均勻之後倒入模子中。

4. 放入烤箱以150度烤40～50分鐘，烤到蛋糕中心熟了即可取出冷卻。

5. 蛋糕放幾天之後最好吃，吃的時候可以再表面再抹上一些果醬。

搭配鬆軟的磅蛋糕，這支帶有花果香、梨子、蘋果、香料、香草等各種香氣，還有淡淡的榛果味的香檳，絕對是最好的選擇。

建｜議｜搭｜配｜酒｜款 —————— 香檳

Laherte Freres Demi-Sec Grande Reserve, Champagne, France

60% Pinot Meunier，30% Chardonnay，10% Pinot Noir，60% 新酒，40% 基酒。雖然有32克殘糖，這款甜香檳果香、花香巧妙融合，具有絕佳的輕盈透明感，富有表現力、細緻均衡。

TARTE AU POMMES
蘋果派

塔皮材料

低筋麵粉370公克

砂糖50公克

無鹽奶油200公克（切小塊，冷藏）

全蛋1顆

蛋黃1顆

鹽1公克

壓底石適量（可用綠豆或是米代替）

蘋果餡材料

青蘋果5顆

檸檬汁60毫升

砂糖100公克

香草豆莢1隻

肉桂粉少許

豆蔻粉少許

奶油50公克

檸檬皮屑少許

干邑白蘭地50毫升

•••蘋果肉桂凝露（p.65, no.38）

塔皮製作

1　模子刷上一層奶油後上一層薄麵粉，置於冰箱備用；麵粉過篩備用；砂糖與蛋攪拌均。

2　麵粉與與奶油以搓揉的方式混合，完成後再與砂糖蛋液攪拌均勻。

3　用保鮮膜包好放入冰箱冷藏60分鐘。

4　將麵糰擀開成厚度約0.3公分，鋪入模子中，修除邊緣多餘的部分。

5　派皮用叉子叉出氣孔，鋪上烤紙放入壓底石，放入150度的烤箱烤15分鐘。

6　取出派皮，移除壓底石，在派皮的表面刷上一層蛋液，放入烤箱再烤5分鐘，取出冷卻備用。

※蘋果餡製作

1　蘋果削皮，把4顆蘋果切丁，剩下一顆切成薄片，擠上檸檬汁避免氧化。

2　把蘋果丁、奶油、香草、檸檬汁、糖、肉桂粉、豆蔻粉與干邑白蘭地一起煮30分鐘，完成之後過濾，湯汁保留，另外把檸檬皮屑拌入蘋果丁內。

3　把蘋果丁鋪到派中，把切片的蘋果漂亮的排在上面，表面灑上一層糖，放入烤箱以180度烤20～30分鐘，烤好之後取出放冷。

※組合：蘋果丁的湯汁與凝露混合，均勻地淋在蘋果派的表面即可。

這是一道清爽又容易製作的甜點，跟茶、咖啡或熱巧克力都是很好的搭配，不過，這次試試白酒吧，這是一種完全跳脫既有飲食習慣的創意。微甜派皮配上Gewürztraminer成熟、芬芳的荔枝果香，咬一口柔軟略帶煙薰味的蘋果餡，再加上肉桂蘋果醬，吃在嘴裡是一種平衡又飽滿的飲食享受！

建│議│搭│配│酒│款 ——————— 阿爾薩斯白酒

Alsace Willm Gewurztraminer Grand Cru
Kirchberg de Barr, Alsace, France

採收來自 Kirchberg de Barr 特級園中的歷史名園「Clos Gaensbroennel 鵝的噴泉」。金黃酒色，玫瑰花香，典型的荔枝與蜂蜜氣息，口感圓潤、層次變化、餘韻綿長。適合搭配輕煎鵝肝料理、烤布蕾，是米其林主廚的愛用酒款。

果醬的藝術（暢銷紀念版）

法式手作果醬的藝術

從選擇、搭配到調製，星級餐廳專屬果醬大師教你以台灣水果創作出絕妙滋味

Du Sucre, Du Fruit, De La Passion.

作　　　者	艾紀達 & 亨利·亞伯（EZILDA & HENRI DEPARDIEU）
特約編輯	張與蘭
封面插畫	鍾馨鑫
攝　　　影	王竹君、張與蘭

總 編 輯	王秀婷
責任編輯	向艷宇、王秀婷
編輯助理	梁容禎
行銷業務	黃明雪、林佳穎
版　　　權	徐昉驊

發 行 人　涂玉雲
出　　版　積木文化
　　　　　104 台北市民生東路二段 141 號 5 樓
　　　　　電話：(02) 2500-7696　　傳真：(02) 2500-1953
　　　　　官方部落格：http://cubepress.com.tw/
　　　　　讀者服務信箱：service_cube@hmg.com.tw
發　　行　英屬蓋曼群島商家庭傳媒股份有限公司城邦分公司
　　　　　台北市民生東路二段 141 號 11 樓
　　　　　讀者服務專線：(02)25007718-9　24 小時傳真專線：(02)25001990-1
　　　　　服務時間：週一至週五上午 09:30-12:00、下午 13:30-17:00
　　　　　郵撥：19863813　戶名：書虫股份有限公司
　　　　　網站：城邦讀書花園　網址：www.cite.com.tw
香港發行所 城邦（香港）出版集團有限公司
　　　　　香港灣仔駱克道 193 號東超商業中心 1 樓
　　　　　電話：852-25086231　　傳真：852-25789337
　　　　　電子信箱：hkcite@biznetvigator.com
馬新發行所 城邦（馬新）出版集團 Cite (M) Sdn Bhd
　　　　　41, Jalan Radin Anum, Bandar Baru Sri Petaling,
　　　　　57000 Kuala Lumpur, Malaysia.
　　　　　電話：603-90578822　　傳真：603-90576622
　　　　　email: cite@cite.com.my

城邦讀書花園
www.cite.com.tw

本書感謝以下專業協力（依首字筆劃排序）

餐搭酒款建議
陳定鑫侍酒師
葉昌勳侍酒師
新風潮華茂公司

攝影場地提供
艾立夏廚房
（照片提供：p.43, 51, 77, 105）
www.facebook.com/cook.with.alicia

原味廚房
www.realtaste.com.tw

食譜設計及示範
蘇彥彰
（菜餚製作：p.85, 87, 89, 91, 93,
95, 97, 99, 101, 103, 107, 109, 111,
113, 115, 117, 119）

美術設計　曲文瑩
製版印刷　上晴彩色印刷製版有限公司

Printed in Taiwan

國家圖書館出版品預行編目資料

法式手作果醬的藝術：從選擇、搭配到調製，星
級餐廳專屬果醬大師教你以台灣水果創作出絕妙
滋味／艾紀達·亞伯 (Ezilda Depardieu), 亨利·
亞伯 (Henri Depardieu) 著 . -- 二版 . -- 臺北市：積
木文化出版：英屬蓋曼群島商家庭傳媒股份有限
公司城邦分公司發行，2021.11
　　面；　公分
外文書名：Du sucre, du fruit, de la passion
ISBN 978-986-459-368-2(平裝)

1. 果醬 2. 食譜

427.61　　　　　　　　　　　　　　110016743

【印刷版】
2012 年 6 月 14 日 初版一刷
2021 年 11 月 9 日 二版一刷
售價／ 450 元
ISBN 978-986-459-368-2

【電子版】
2021 年 11 月 二版
ISBN 978-986-459-367-5 (EPUB)